사고력도 탄탄! 창의력도 탄탄!
수학 일등의 지름길 「기탄사고력수학」

♛ 단계별·능력별 프로그램식 학습지입니다

유아부터 초등학교 6학년까지 각 단계별로 4~6권씩 총 52권으로 구성되었으며, 처음 시작할 때 나이와 학년에 관계없이 능력별 수준에 맞추어 학습하는 프로그램식 학습지입니다.

♛ 사고력·창의력을 키워 주는 수학 학습지입니다

다양한 사고 단계를 거쳐 문제 해결력을 높여 주며, 개념과 원리를 이해하도록 하여 수학적 사고력을 키워 줍니다. 또 수학적 사고를 바탕으로 스스로 생각하고 깨닫는 창의력을 키워 줍니다.

♛ 유아 과정은 물론 초등학교 수학의 전 영역을 골고루 학습합니다

운필력, 공간 지각력, 수 개념 등 유아 과정부터 시작하여, 초등학교 과정인 수와 연산, 도형 등 수학의 전 영역을 골고루 다루어, 자녀들의 수학적 사고의 폭을 넓히는 데 큰 도움을 줍니다.

♛ 학습 지도 가이드와 다양한 학습 성취도 평가 자료를 수록했습니다

매주, 매달, 매 단계마다 학습 목표에 따른 지도 내용과 지도 요점, 완벽한 해설을 제공하여 학부모님께서 쉽게 지도하실 수 있습니다. 창의력 문제와 수학 경시 대회 예상 문제를 단계별로 수록, 수학 실력을 완성시켜 줍니다.

♛ 과학적 학습 분량으로 공부하는 습관이 몸에 배입니다

하루 10~20분 정도의 과학적 학습량으로 공부에 싫증을 느끼지 않게 하고, 학습에 자신감을 가지도록 하였습니다. 매일 일정 시간 꾸준하게 공부하도록 하면, 시키지 않아도 공부하는 습관이 몸에 배게 됩니다.

「기탄사고력수학」은
체계적이고 장기적인 프로그램으로
꾸준히 학습하면 반드시 성적으로 보답합니다

✿ 스몰 스텝(Small Step)방식으로 꾸준히 학습하면 성적이 올라갑니다

「기탄사고력수학」은 단순히 문제만 나열한 문제집이 아닙니다. 체계적이고 장기적인 학습프로그램을 통해 수학적 사고력과 창의력을 완성시켜 주는 스몰 스텝(Small Step)방식으로 꾸준히 학습하면 반드시 성적이 올라갑니다.

✿ 하루 3장, 10~20분씩 규칙적으로 학습하게 하세요

매일 일정 시간에 일정한 학습량을 꾸준히 재미있게 해야만 학습효과를 높일 수 있습니다. 주별로 분철하기 쉽게 제본되어 있으니, 교재를 구입하시면 먼저 분철하여 일주일 학습 분량만 자녀들에게 나누어 주세요. 그래야만 아이들이 학습 성취감과 자신감을 가질 수 있습니다.

✿ 자녀들의 수준에 알맞은 교재를 선택하세요

〈기탄사고력수학〉은 유아에서 초등학교 6학년까지, 나이와 학년에 관계없이 학습 난이도별로 자신의 능력에 맞는 단계를 선택하여 시작하는 능력별 교재입니다. 그러나 자녀의 수준보다 1~2단계 낮춘 교재부터 시작하면 학습에 더욱 자신감을 갖게 되어 효과적입니다.

교재 구분	교재 구성	대 상
A단계 교재	1, 2, 3, 4집	4세 ~ 5세 아동
B단계 교재	1, 2, 3, 4집	5세 ~ 6세 아동
C단계 교재	1, 2, 3, 4집	6세 ~ 7세 아동
D단계 교재	1, 2, 3, 4집	7세 ~ 초등학교 1학년
E단계 교재	1, 2, 3, 4, 5, 6집	초등학교 1학년
F단계 교재	1, 2, 3, 4, 5, 6집	초등학교 2학년
G단계 교재	1, 2, 3, 4, 5, 6집	초등학교 3학년
H단계 교재	1, 2, 3, 4, 5, 6집	초등학교 4학년
I 단계 교재	1, 2, 3, 4, 5, 6집	초등학교 5학년
J단계 교재	1, 2, 3, 4, 5, 6집	초등학교 6학년

「기탄사고력수학」으로
수학 성적 올리는 일등비법을 공개합니다

※ 문제를 먼저 풀어 주지 마세요

기탄사고력수학은 직관(전체 감지)을 논리(이론과 구체 연결)로 발전시켜 답을 구하도록 구성되었습니다. 쉽게 문제를 풀지 못하더라도 노력하는 과정에서 더 많은 것을 얻을 수 있으니, 약간의 힌트 외에는 자녀가 스스로 끝까지 문제를 풀어 나갈 수 있도록 격려해 주세요.

※ 교재는 이렇게 활용하세요

먼저 자녀들의 능력에 맞는 교재를 선택하세요. 그리고 일주일 분량씩 분철하여 매일 3장씩 풀 수 있도록 해 주세요. 한꺼번에 많은 양의 교재를 주시면 어린이가 부담을 느껴서 학습을 미루거나 포기하기 쉽습니다. 적당한 양을 매일매일 학습하도록 하여 수학 공부하는 재미를 느낄 수 있도록 해 주세요.

※ 교재 학습 과정을 꼭 지켜 주세요

한 주 학습이 끝날 때마다 창의력 문제와 경시 대회 예상 문제를 꼭 풀고 넘어가도록 해 주시고, 한 권(한 달 과정)이 끝나면 성취도 테스트와 종료 테스트를 통해 스스로 실력을 가늠해 볼 수 있도록 도와 주세요. 문제를 다 풀면 반드시 해답지를 이용하여 정확하게 채점해 주시고, 틀린 문제를 체크해 놓았다가 다음에는 확실히 풀 수 있도록 지도해 주세요.

※ 자녀의 학습 관리를 게을리 하지 마세요

수학적 사고는 하루 아침에 생겨나는 것이 아닙니다. 날마다 꾸준히 규칙적으로 학습해 나갈 때에만 비로소 수학적 사고의 기틀이 마련되는 것입니다. 교육은 사랑입니다. 자녀가 학습한 부분을 어머니께서 꼭 확인하시면서 사랑으로 돌봐 주세요. 부모님의 관심 속에서 자란 아이들만이 성적 향상은 물론 이 사회에서 꼭 필요한 인격체로 성장해 나갈 수 있다는 것도 잊지 마세요.

기탄 사고력 수학 교재별 학습 내용

A 단계 교재

A - ❶ 교재	A - ❷ 교재
나와 가족에 대하여 알기 바른 행동 알기 다양한 선 그리기 다양한 사물 색칠하기 ○△□ 알기 똑같은 것 찾기 빠진 것 찾기 종류가 같은 것과 다른 것 찾기 관찰력, 논리력, 사고력 키우기	필요한 물건 찾기 관계 있는 것 찾기 다양한 기준에 따라 분류하기 (종류, 용도, 모양, 색깔, 재질, 계절, 성질 등) 두 가지 기준에 따라 분류하기 다섯까지 세기 변별력 키우기 미로 통과하기
A - ❸ 교재	**A - ❹ 교재**
다양한 기준으로 비교하기 (길이, 높이, 양, 무게, 크기, 두께, 넓이, 속도, 깊이 등) 시간의 순서 비교하기 반대 개념 알기 3까지의 숫자 배우기 그림 퍼즐 맞추기 미로 통과하기	최상급 개념 알기 다양한 기준으로 순서 짓기 (크기, 시간, 길이, 두께 등) 네 가지 이상 비교하기 이중 서열 알기 ABAB, ABCABC의 규칙성 알기 다양한 규칙 이해하기 부분과 전체 알기 5까지의 숫자 배우기 일대일 대응, 일대다 대응 알기 미로 통과하기

B 단계 교재

B - ❶ 교재	B - ❷ 교재
열까지 세기 9까지의 숫자 배우기 사물의 기본 모양 알기 모양 구성하기 모양 나누기와 합치기 같은 모양, 짝이 되는 모양 찾기 위치 개념 알기 (위, 아래, 앞, 뒤) 위치 파악하기	9까지의 수량, 수 단어, 숫자 연결하기 구체물을 이용한 수 익히기 반구체물을 이용한 수 익히기 위치 개념 알기 (안, 밖, 왼쪽, 가운데, 오른쪽) 다양한 위치 개념 알기 시간 개념 알기 (낮, 밤) 구체물을 이용한 수와 양의 개념 알기 (같다, 많다, 적다)
B - ❸ 교재	**B - ❹ 교재**
순서대로 숫자 쓰기 거꾸로 숫자 쓰기 1 큰 수와 2 큰 수 알기 1 작은 수와 2 작은 수 알기 반구체물을 이용한 수와 양의 개념 알기 보존 개념 익히기 여러 가지 단위 배우기	순서수 알기 사물의 입체 모양 알기 입체 모양 나누기 두 수의 크기 비교하기 여러 수의 크기 비교하기 0의 개념 알기 0부터 9까지의 수 익히기

단계 교재

C - ❶ 교재	C - ❷ 교재
구체물을 통한 수 가르기 반구체물을 통한 수 가르기 숫자를 도입한 수 가르기 구체물을 통한 수 모으기 반구체물을 통한 수 모으기 숫자를 도입한 수 모으기	수 가르기와 모으기 여러 가지 방법으로 수 가르기 수 모으고 다시 수 가르기 수 가르고 다시 수 모으기 더해 보기 세로로 더해 보기 빼 보기 세로로 빼 보기 더해 보기와 빼 보기 바꾸어서 셈하기

C - ❸ 교재	C - ❹ 교재
길이 측정하기 높이 측정하기 넓이 측정하기 크기 측정하기 둘레 측정하기 무게 측정하기 부피 측정하기 들이 측정하기 활동 시간 알아보기 시간의 순서 알아보기 여러 가지 측정하기	열 개 열 개 만들어 보기 열 개 묶어 보기 자리 알아보기 수 '10' 알아보기 10의 크기 알아보기 더하여 10이 되는 수 알아보기 열다섯까지 세어 보기 스물까지 세어 보기

단계 교재

D - ❶ 교재	D - ❷ 교재
수 11~20 알기 11~20까지의 수 알기 30까지의 수 알아보기 자릿값을 이용하여 30까지의 수 나타내기 40까지의 수 알아보기 자릿값을 이용하여 40까지의 수 나타내기 자릿값을 이용하여 50까지의 수 나타내기 50까지의 수 알아보기	상자 모양, 공 모양, 둥근기둥 모양 알아보기 공간 위치 알아보기 입체도형으로 모양 만들기 여러 방향에서 본 모습 관찰하기 평면도형 알아보기 선대칭 모양 알아보기 모양 만들기와 탱그램

D - ❸ 교재	D - ❹ 교재
덧셈 이해하기 100이 되는 더하기 여러 가지로 더해 보기 덧셈 익히기 뺄셈 이해하기 10에서 빼기 여러 가지로 빼 보기 뺄셈 익히기	조사하여 기록하기 그래프의 이해 그래프의 활용 분수의 이해 시간 느끼기 사건의 순서 알기 소요 시간 알아보기 달력 보기 시계 보기 활동한 시간 알기

E - ❶ 교재	E - ❷ 교재	E - ❸ 교재
사물의 개수를 세어 보고 1, 2, 3, 4, 5 알아보기 0의 개념과 0~5까지의 수의 순서 알기 하나 더 많다, 적다의 개념 알기 두 수의 크기 비교하기 사물의 개수를 세어 보고 6, 7, 8, 9 알아보기 0~9까지의 수의 순서 알기 하나 더 많다, 적다의 개념 알기 두 수의 크기 비교하기 여러 가지 모양 알아보기, 찾아보기, 만들어 보기 규칙 찾기	두 수로 가르기 두 수를 모으기 가르기와 모으기 덧셈식 알아보기 뺄셈식 알아보기 길이 비교해 보기 높이 비교해 보기 들이 비교해 보기 무게 비교해 보기 넓이 비교해 보기	수 10(십) 알아보기 19까지의 수 알아보기 몇십과 몇십 몇 알아보기 물건의 수 세기 50까지 수의 순서 알아보기 두 수의 크기 비교하기 분류하기 분류하여 세어 보기
E - ❹ 교재	**E - ❺ 교재**	**E - ❻ 교재**
수 60, 70, 80, 90 99까지의 수 수의 순서 두 수의 크기 비교 여러 가지 모양 알아보기, 찾아보기 여러 가지 모양 만들기, 그리기 규칙 찾기 10을 두 수로 가르기 100이 되도록 두 수를 모으기	10이 되는 더하기 10에서 빼기 세 수의 덧셈과 뺄셈 (몇십)+(몇), (몇십 몇)+(몇), (몇십 몇)+(몇십 몇) (몇십 몇)−(몇), (몇십 몇)−(몇십 몇) 긴바늘, 짧은바늘 알아보기 몇 시 알아보기 몇 시 30분 알아보기	세 수의 덧셈 받아올림이 있는 (몇)+(몇) 받아내림이 있는 (십 몇)−(몇) 세 수의 계산 덧셈식, 뺄셈식 만들기 □가 있는 덧셈식, 뺄셈식 만들기 여러 가지 방법으로 해결하기

F - ❶ 교재	F - ❷ 교재	F - ❸ 교재
백(100)과 몇백(200, 300, ……)의 개념 이해 세 자리 수와 뛰어 세기의 이해 세 자리 수의 크기 비교 받아올림이 있는 (두 자리 수)+(한 자리 수)의 계산 받아내림이 있는 (두 자리 수)−(한 자리 수)의 계산 세 수의 덧셈과 뺄셈 선분과 직선의 차이 이해 사각형, 삼각형, 원 등의 여러 가지 모양 쌓기나무로 똑같이 쌓아 보고 여러 가지 모양 만들기 배열 순서에 따라 규칙 찾아내기	받아올림이 있는 (두 자리 수)+(두 자리 수)의 계산 받아내림이 있는 (두 자리 수)−(두 자리 수)의 계산 여러 가지 방법으로 계산하고 세 수의 혼합 계산 길이 비교와 단위길이의 비교 길이의 단위(cm) 알기 길이 재기와 길이 어림하기 어떤 수를 □로 나타내기 덧셈식·뺄셈식에서 □의 값 구하기 어떤 수를 구하는 식 만들기 식에 알맞은 문제 만들기	시각 읽기 시각과 시간의 차이 알기 하루의 시간 알기 달력을 보며 1년 알기 몇 시 몇 분 전 알기 반 시간 알기 묶어 세기 몇 배 알아보기 더하기를 곱하기로 나타내기 덧셈식과 곱셈식으로 나타내기
F - ❹ 교재	**F - ❺ 교재**	**F - ❻ 교재**
2~9의 단 곱셈구구 익히기 1의 단 곱셈구구와 0의 곱 곱셈표에서 규칙 찾기 받아올림이 없는 세 자리 수의 덧셈 받아내림이 없는 세 자리 수의 뺄셈 여러 가지 방법으로 계산하기 미터(m)와 센티미터(cm) 길이 재기 길이 어림하기 길이의 합과 차	받아올림이 있는 세 자리 수의 덧셈 받아내림이 있는 세 자리 수의 뺄셈 여러 가지 방법으로 덧셈·뺄셈하기 세 수의 혼합 계산 똑같이 나누기 전체와 부분의 크기 분수의 쓰기와 읽기 분수만큼 색칠하고 분수로 나타내기 표와 그래프로 나타내기 조사하여 표와 그래프로 나타내기	□가 있는 곱셈식을 만들어 문제 해결하기 규칙을 찾아 문제 해결하기 거꾸로 생각하여 문제 해결하기

G

단계 교재

G – ❶ 교재	G – ❷ 교재	G – ❸ 교재
1000의 개념 알기	똑같이 묶어 덜어 내기와 똑같게 나누기	분수만큼 알기와 분수로 나타내기
몇천, 네 자리 수 알기	나눗셈의 몫	몇 개인지 알기
수의 자릿값 알기	곱셈과 나눗셈의 관계	분수의 크기 비교
뛰어 세기, 두 수의 크기 비교	나눗셈의 몫을 구하는 방법	mm 단위를 알기와 mm 단위까지 길이 재기
세 자리 수의 덧셈	나눗셈의 세로 형식	km 단위를 알기
덧셈의 여러 가지 방법	곱셈을 활용하여 나눗셈의 몫 구하기	km, m, cm, mm의 단위가 있는 길이의
세 자리 수의 뺄셈	평면도형 밀기, 뒤집기, 돌리기	합과 차 구하기
뺄셈의 여러 가지 방법	평면도형 뒤집고 돌리기	시각과 시간의 개념 알기
각과 직각의 이해	(몇십)×(몇)의 계산	1초의 개념 알기
직각삼각형, 직사각형, 정사각형의 이해	(두 자리 수)×(한 자리 수)의 계산	시간의 합과 차 구하기

G – ❹ 교재	G – ❺ 교재	G – ❻ 교재
(네 자리 수)+(세 자리 수)	(몇십)÷(몇)	막대그래프
(네 자리 수)+(네 자리 수)	내림이 없는 (몇십 몇)÷(몇)	막대그래프 그리기
(네 자리 수)−(세 자리 수)	나눗셈의 몫과 나머지	그림그래프
(네 자리 수)−(네 자리 수)	나눗셈식의 검산 / (몇십 몇)÷(몇)	그림그래프 그리기
세 수의 덧셈과 뺄셈	들이 / 들이의 단위	알맞은 그래프로 나타내기
(세 자리 수)×(한 자리 수)	들이의 어림하기와 합과 차	규칙을 정해 무늬 꾸미기
(몇십)×(몇십) / (두 자리 수)×(몇십)	무게 / 무게의 단위	규칙을 찾아 문제 해결
(두 자리 수)×(두 자리 수)	무게의 어림하기와 합과 차	표를 만들어서 문제 해결
원의 중심과 반지름 / 그리기 / 지름 / 성질	0.1 / 소수 알아보기	예상과 확인으로 문제 해결
	소수의 크기 비교하기	

H

단계 교재

H – ❶ 교재	H – ❷ 교재	H – ❸ 교재
만 / 다섯 자리 수 / 십만, 백만, 천만	이등변삼각형 / 이등변삼각형의 성질	소수
억 / 조 / 큰 수 뛰어서 세기	정삼각형 / 예각과 둔각	소수 두 자리 수
두 수의 크기 비교	예각삼각형 / 둔각삼각형	소수 세 자리 수
100, 1000, 10000, 몇백, 몇천의 곱	덧셈, 뺄셈 또는 곱셈, 나눗셈이 섞여 있는 혼합	소수 사이의 관계
(세,네 자리 수)×(두 자리 수)	계산	소수의 크기 비교
세 수의 곱셈 / 몇십으로 나누기	덧셈, 뺄셈, 곱셈, 나눗셈이 섞여 있는 혼합 계산	규칙을 찾아 수로 나타내기
(두,세 자리 수)÷(두 자리 수)	( ), { }가 있는 혼합 계산	규칙을 찾아 글로 나타내기
각의 크기 / 각 그리기 / 각도의 합과 차	분수와 진분수 / 가분수와 대분수	새로운 무늬 만들기
삼각형의 세 각의 크기의 합	대분수를 가분수로, 가분수를 대분수로 나타내기	
사각형의 네 각의 크기의 합	분모가 같은 분수의 크기 비교	

H – ❹ 교재	H – ❺ 교재	H – ❻ 교재
분모가 같은 진분수의 덧셈	사다리꼴 / 평행사변형 / 마름모	꺾은선그래프
분모가 같은 대분수의 덧셈	직사각형과 정사각형의 성질	꺾은선그래프 그리기
분모가 같은 진분수의 뺄셈	다각형과 정다각형 / 대각선	물결선을 사용한 꺾은선그래프
분모가 같은 대분수의 뺄셈	여러 가지 모양 만들기	물결선을 사용한 꺾은선그래프 그리기
분모가 같은 대분수와 진분수의 덧셈과 뺄셈	여러 가지 모양으로 덮기	알맞은 그래프로 나타내기
소수의 덧셈 / 소수의 뺄셈	직사각형과 정사각형의 둘레	꺾은선그래프의 활용
수직과 수선 / 수선 긋기	1cm² / 직사각형과 정사각형의 넓이	두 수 사이의 관계
평행선 / 평행선 긋기	여러 가지 도형의 넓이	두 수 사이의 관계를 식으로 나타내기
평행선 사이의 거리	이상과 이하 / 초과와 미만 / 수의 범위	문제를 해결하고 풀이 과정을 설명하기
	올림과 버림 / 반올림 / 어림의 활용	

I - ❶ 교재	I - ❷ 교재	I - ❸ 교재
약수 / 배수 / 배수와 약수의 관계 공약수와 최대공약수 공배수와 최소공배수 크기가 같은 분수 알기 크기가 같은 분수 만들기 분수의 약분 / 분수의 통분 분수의 크기 비교 / 진분수의 덧셈 대분수의 덧셈 / 진분수의 뺄셈 대분수의 뺄셈 / 세 분수의 덧셈과 뺄셈	세 분수의 덧셈과 뺄셈 (진분수)×(자연수) / (대분수)×(자연수) (자연수)×(진분수) / (자연수)×(대분수) (단위분수)×(단위분수) (진분수)×(진분수) / (대분수)×(대분수) 세 분수의 곱셈 / 합동인 도형의 성질 합동인 삼각형 그리기 면, 모서리, 꼭짓점 직육면체와 정육면체 직육면체의 성질 / 겨냥도 / 전개도	평행사변형의 넓이 삼각형의 넓이 사다리꼴의 넓이 마름모의 넓이 넓이의 단위 m^2, a 넓이의 단위 ha, km^2 넓이의 단위 관계 무게의 단위
I - ❹ 교재	**I - ❺ 교재**	**I - ❻ 교재**
분수와 소수의 관계 분수를 소수로, 소수를 분수로 나타내기 분수와 소수의 크기 비교 1÷(자연수)를 곱셈으로 나타내기 (자연수)÷(자연수)를 곱셈으로 나타내기 (진분수)÷(자연수) / (가분수)÷(자연수) (대분수)÷(자연수) 분수와 자연수의 혼합 계산 선대칭도형/선대칭의 위치에 있는 도형 점대칭도형/점대칭의 위치에 있는 도형	(소수)×(자연수) / (자연수)×(소수) 곱의 소수점의 위치 (소수)×(소수) 소수의 곱셈 (소수)÷(자연수) (자연수)÷(자연수) 줄기와 잎 그림 그림그래프 평균 자료를 그래프로 나타내고 설명하기	두 수의 크기 비교 비율 백분율 할푼리 실제로 해 보기와 표 만들기 그림 그리기와 식 만들기 예상하고 확인하기와 표 만들기 실제로 해 보기와 규칙 찾기

J - ❶ 교재	J - ❷ 교재	J - ❸ 교재
(자연수)÷(단위분수) 분모가 같은 진분수끼리의 나눗셈 분모가 다른 진분수끼리의 나눗셈 (자연수)÷(진분수) / 대분수의 나눗셈 분수의 나눗셈 활용하기 소수의 나눗셈 / (자연수)÷(소수) 소수의 나눗셈에서 나머지 반올림한 몫 입체도형과 각기둥 / 각뿔 각기둥의 전개도 / 각뿔의 전개도	쌓기나무의 개수 쌓기나무의 각 자리, 각 층별로 나누어 개수 구하기 규칙 찾기 쌓기나무로 만든 것, 여러 가지 입체도형, 여러 가지 생활 속 건축물의 위, 앞, 옆 에서 본 모양 원주와 원주율 / 원의 넓이 띠그래프 알기 / 띠그래프 그리기 원그래프 알기 / 원그래프 그리기	비례식 비의 성질 가장 작은 자연수의 비로 나타내기 비례식의 성질 비례식의 활용 연비 두 비의 관계를 연비로 나타내기 연비의 성질 비례배분 연비로 비례배분
J - ❹ 교재	**J - ❺ 교재**	**J - ❻ 교재**
(소수)÷(분수) / (분수)÷(소수) 분수와 소수의 혼합 계산 원기둥 / 원기둥의 전개도 원뿔 회전체 / 회전체의 단면 직육면체와 정육면체의 겉넓이 부피의 비교 / 부피의 단위 직육면체와 정육면체의 부피 부피의 큰 단위 부피와 들이 사이의 관계	원기둥의 겉넓이 원기둥의 부피 경우의 수 순서가 있는 경우의 수 여러 가지 경우의 수 확률 미지수를 x로 나타내기 등식 알기 / 방정식 알기 등식의 성질을 이용하여 방정식 풀기 방정식의 활용	두 수 사이의 대응 관계 / 정비례 정비례를 활용하여 생활 문제 해결하기 반비례 반비례를 활용하여 생활 문제 해결하기 그림을 그리거나 식을 세워 문제 해결하기 거꾸로 생각하거나 식을 세워 문제 해결하기 표를 작성하거나 예상과 확인을 통하여 문제 해결하기 여러 가지 방법으로 문제 해결하기 새로운 문제를 만들어 풀어 보기

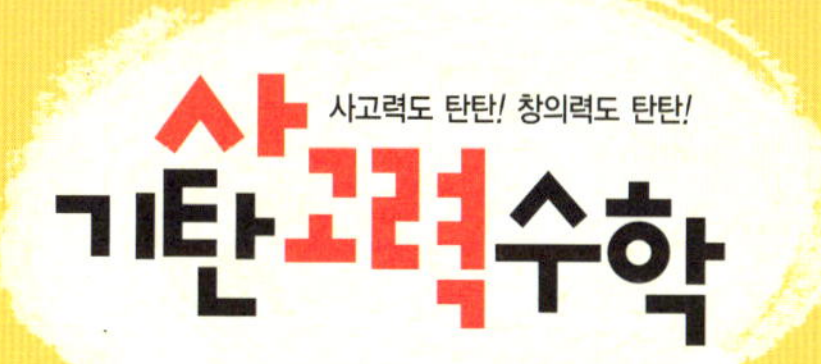

학습 관리표

학습 내용		이번 주는?
비례식	· 비례식 · 비의 성질 · 가장 작은 자연수의 비로 나타내기 · 비례식의 성질 · 비례식의 활용 · 창의력 학습 · 경시대회 예상문제	• 학습 방법 : ① 매일매일　② 가끔　③ 한꺼번에 　하였습니다. • 학습 태도 : ① 스스로 잘　② 시켜서 억지로 　하였습니다. • 학습 흥미 : ① 재미있게　② 싫증내며 　하였습니다. • 교재 내용 : ① 적합하다고 ② 어렵다고　③ 쉽다고 　하였습니다.

지도 교사가 부모님께	부모님이 지도 교사께

평가	Ⓐ 아주 잘함	Ⓑ 잘함	Ⓒ 보통	Ⓓ 부족함

원(교)　　　　반　　이름　　　　　전화

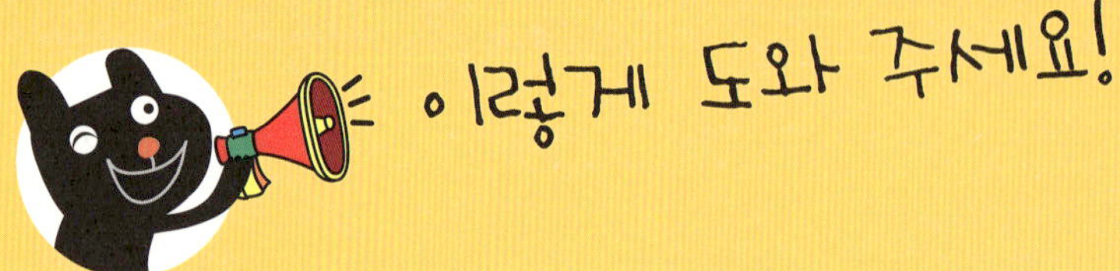

● **학습 목표**

– 비례식을 이해하고, 비의 전항과 후항, 비례식의 외항과 내항을 알 수 있습니다.
– 비의 성질을 이해하고, 이를 이용할 수 있습니다.
– 비례식의 성질을 이해하고, 이를 이용하여 비례식의 미지항의 값을 구할 수 있습니다.
– 비례식을 이용하여 실생활 문제를 해결할 수 있습니다.

● **지도 내용**

– 비율이 같은 경우를 등식으로 나타내어 비례식을 이해하고 비의 전항과 후항, 비례식의 외항과 내항을 알게 합니다.
– 비의 전항과 후항에 0이 아닌 같은 수를 곱하거나 나누어도 비율이 같음을 이해하게 합니다.
– 비의 성질을 이용하여 주어진 비를 가장 작은 자연수의 비로 나타내게 합니다.
– 비례식에서 외항의 곱과 내항의 곱이 같음을 이해하고 미지항이 있는 비례식에서 비례식의 성질을 이용하여 미지항의 값을 구하게 합니다.
– 생활 장면의 문제를 비례식을 이용하여 풀도록 합니다.

● **지도 요점**

비율이 같은 두 생활 장면으로부터 두 비를 제시하여 이 두 비의 비율이 같음을 확인해 보고, 이 두 비를 등식으로 나타내어 비례식의 개념을 이해하게 합니다. 또, 두 수의 비에서 전항과 후항을, 비의 전항과 후항에 0이 아닌 같은 수를 곱하거나 나누어도 비율이 같다는 비의 성질을 발견하도록 하며 이를 이용하여 비를 가장 작은 자연수의 비로 나타내도록 합니다. 그리고 비례식에서 외항과 내항을 알게 하고, 외항의 곱과 내항의 곱이 같다는 비례식의 성질을 발견하도록 하며, 이를 이용하여 미지항이 있는 비례식에서 미지항의 값을 구할 수 있도록 합니다. 또, 생활 장면에서 비례식이 적용되는 문제를 해결하도록 지도합니다.

◆ **비례식(1)** ◆

- 3 : 4 ＝ 60 : 80과 같이 비율이 같은 두 비를 등식으로 나타낸 식을 비례식이라고 합니다.
- 비 3 : 4에서 3과 4를 비의 항이라 하고, 앞에 있는 3을 전항, 뒤에 있는 4를 후항이라 합니다.
- 비례식 3 : 4 ＝ 60 : 80에서 바깥쪽에 있는 두 항 3과 80을 외항이라 하고, 안쪽에 있는 두 항 4와 60을 내항이라 합니다.

1 한 상자에 구슬 5개를 넣을 수 있습니다. 구슬 수에 대한 상자 수의 비율을 구하여 비례식으로 나타내려고 합니다. 물음에 답하시오.

(1) 구슬 수에 대한 상자 수의 비율을 기약분수로 나타내려고 합니다. ☐ 안에 알맞은 수를 써넣으시오.

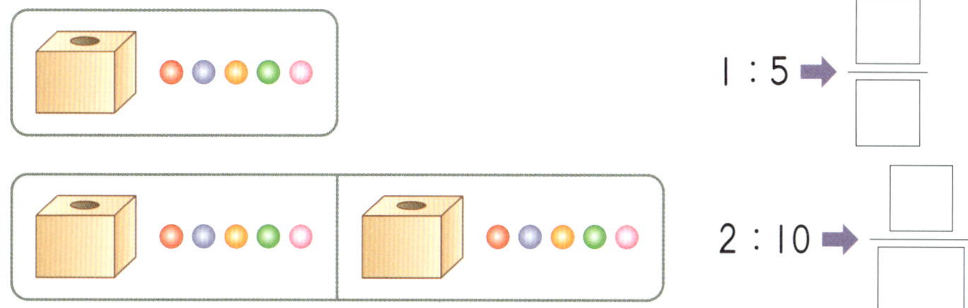

$$1 : 5 \Rightarrow \frac{\ \ }{\ \ }$$

$$2 : 10 \Rightarrow \frac{\ \ }{\ \ } = \frac{\ \ }{\ \ }$$

(2) 1 : 5와 2 : 10의 비율은 서로 같습니까?

[답]

(3) 1 : 5와 2 : 10을 비례식으로 나타내시오.

[답]

🐸 ☐ 안에 알맞은 말을 써넣으시오. [2~3]

2 비 3 : 7에서 3과 7을 비의 ☐ 이라 하고, 3을 ☐ , 7을 ☐ 이라고 합니다.

3 비례식 8 : 5 = 16 : 10에서 8과 10을 ☐ 이라 하고, 5와 16을 ☐ 이라고 합니다.

🐸 ☐ 안에 알맞은 수를 써넣으시오. [4~7]

4   2 : 9
전항 ☐ , 후항 ☐

5   6 : 5
전항 ☐ , 후항 ☐

6 외항 4, ☐
4 : 7 = 8 : 14
내항 7, ☐

7 외항 ☐ , 2
15 : 6 = 5 : 2
내항 ☐ , 5

♣ 이름 :

♣ 날짜 :

♣ 시간 :　　시　　분 ～　　시　　분

확인

◆ **비례식**(2) ◆

1 비례식인 것을 모두 찾아 기호를 쓰시오.

> ㉠ 2 : 5　　　㉡ 3 : 6 = 1 : 2　　　㉢ 4 + 5 = 9
> ㉣ 2 × 3 = 6　　㉤ 8 ÷ 2 = 4 × 1　　㉥ 15 : 18 = 5 : 6

[답]

2 5 : 7과 비율이 같은 비를 찾아 비례식으로 나타내시오.

> 1 : 6　　　10 : 14　　　15 : 10　　　28 : 20

[답]

3 다음을 비례식으로 나타내시오.

> 외항은 3과 20이고 내항은 10과 6인 비례식입니다.

[답]

4 비율이 같은 비를 찾아 비례식으로 나타내시오.

$$2 : 7 \qquad 4 : 9 \qquad 6 : 20 \qquad 20 : 45$$

[답]

5 다음을 비례식으로 나타내시오.

$$\frac{5}{8} = \frac{25}{40}$$

[답]

6 다음 조건에 맞게 비례식을 완성하시오.

- 비례식에서 비율은 $\frac{2}{3}$ 입니다.
- 비례식에서 외항의 곱은 12입니다.

$$4 : \boxed{} = \boxed{} : \boxed{}$$

◆ 비의 성질(1) ◆

[비의 성질 1]
비의 전항과 후항에 0이 아닌 같은 수를 곱하여도 비율은 같습니다.
[비의 성질 2]
비의 전항과 후항을 0이 아닌 같은 수로 나누어도 비율은 같습니다.

비의 성질을 이용하여 비례식을 만들었습니다. □ 안에 알맞은 수를 써넣으시오.
[1~6]

1   ×3
$3 : 4 = \square : 12$
×□

2   ÷5
$10 : 15 = \square : 3$
÷□

3   ×□
$7 : 2 = 28 : \square$
×4

4   ÷□
$30 : 12 = 5 : \square$
÷6

5   ×8
$3.5 : 5 = \square : \square$
×□

6   ÷□
$64 : 48 = 4 : \square$
÷□

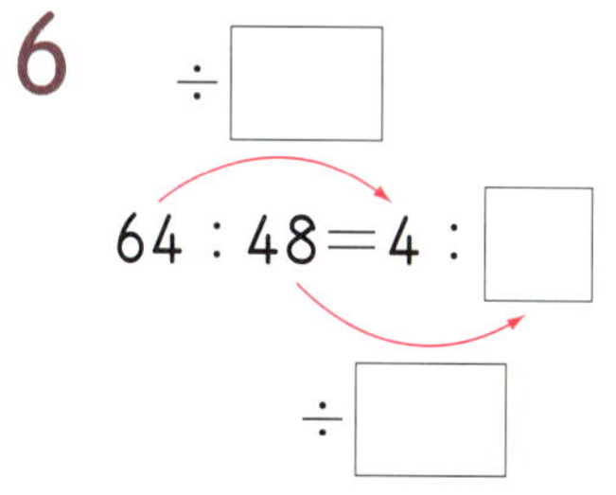

🐸 전항과 후항에 0이 아닌 같은 수를 곱하여 비율이 같은 비를 만들려고 합니다. ☐ 안에 알맞은 수를 써넣으시오. [7~9]

7 $3 : 5 = 6 : \boxed{} = 9 : \boxed{} = 12 : \boxed{}$

8 $6 : 7 = \boxed{} : 14 = \boxed{} : 21 = \boxed{} : 28$

9 $4 : 9 = 8 : \boxed{} = 12 : \boxed{} = 16 : \boxed{}$

🐸 전항과 후항을 0이 아닌 같은 수로 나누어 비율이 같은 비를 만들려고 합니다. ☐ 안에 알맞은 수를 써넣으시오. [10~12]

10 $18 : 12 = 9 : \boxed{} = 6 : \boxed{} = 3 : \boxed{}$

11 $24 : 40 = \boxed{} : 20 = \boxed{} : 10 = \boxed{} : 5$

12 $36 : 48 = \boxed{} : 24 = \boxed{} : 16 = \boxed{} : 12 = \boxed{} : 8 = \boxed{} : 4$

이름 :

날짜 :

시간 :　　　시　　분 ~ 　　시　　분

확인

◆ 비의 성질(2) ◆

전항과 후항에 0이 아닌 같은 수를 곱하여 비율이 같은 비를 2개씩 쓰시오. [1~2]

1　3 : 10 ➡ ___________________________

2　8 : 7 ➡ ___________________________

전항과 후항을 0이 아닌 같은 수로 나누어 비율이 같은 비를 2개씩 쓰시오. [3~4]

3　28 : 20 ➡ ___________________________

4　48 : 84 ➡ ___________________________

5　7 : 3과 비율이 같은 것을 찾아 ○표 하시오.

5 : 1	14 : 12	9 : 21	35 : 15
(　　)	(　　)	(　　)	(　　)

사고력 학습

6 48 : 64와 비율이 다른 하나를 찾아 기호를 쓰시오.

> ㉠ 12 : 16   ㉡ 3 : 4   ㉢ 24 : 32   ㉣ 5 : 8

[답]

7 비의 성질을 이용하여 비례식을 만들었습니다. □ 안의 수가 더 큰 것을 찾아 기호를 쓰시오.

> ㉠ 4 : 9 = □ : 27   ㉡ 50 : 70 = 10 : □

[답]

8 가로와 세로의 비가 1 : 2인 직사각형을 찾아 기호를 쓰시오.

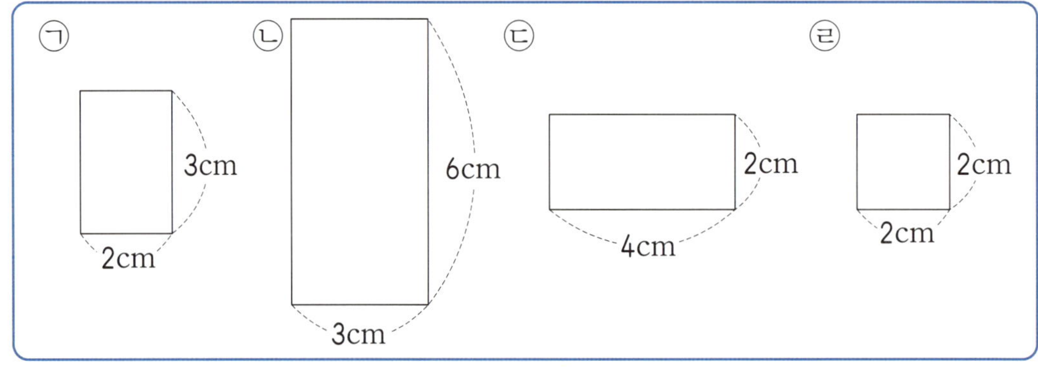

[답]

◆ 가장 작은 자연수의 비로 나타내기(1) ◆

□ 안에 알맞은 수를 써넣으시오. [1~4]

1 비 $\dfrac{5}{12} : \dfrac{3}{8}$ 을 가장 작은 자연수의 비로 나타내기 위하여 각 항에 12와 8의

최소공배수인 □ 를 곱하면

$\dfrac{5}{12} : \dfrac{3}{8} = \left(\dfrac{5}{12} \times \boxed{}\right) : \left(\dfrac{3}{8} \times \boxed{}\right) = \boxed{} : \boxed{}$ 입니다.

2 비 0.7 : 0.9 를 가장 작은 자연수의 비로 나타내기 위하여 각 항에 □ 을

곱하면 0.7 : 0.9 = (0.7 × □) : (0.9 × □) = □ : □ 입니다.

3 비 16 : 28 을 가장 작은 자연수의 비로 나타내기 위하여 각 항을 16과 28의

최대공약수인 □ 로 나누면

16 : 28 = (16 ÷ □) : (28 ÷ □) = □ : □ 입니다.

4 비 $0.8 : \dfrac{1}{6}$ 에서 소수를 분수로 고치면 $\dfrac{\boxed{}}{10} : \dfrac{1}{6}$ 입니다. 이 비를 가장 작은

자연수의 비로 나타내기 위하여 각 항에 10과 6의 최소공배수인 □ 을

곱하면 $\dfrac{\boxed{}}{10} : \dfrac{1}{6} = \left(\dfrac{\boxed{}}{10} \times \boxed{}\right) : \left(\dfrac{1}{6} \times \boxed{}\right) = \boxed{} : \boxed{}$ 입니다.

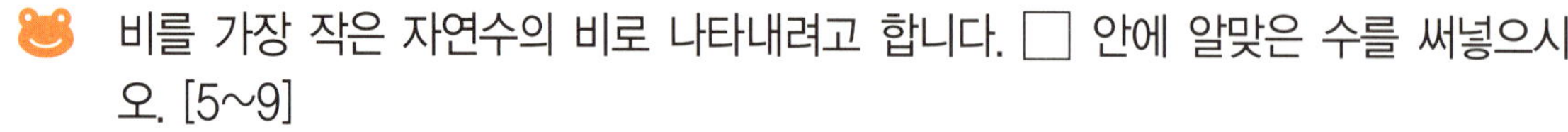

비를 가장 작은 자연수의 비로 나타내려고 합니다. ☐ 안에 알맞은 수를 써넣으시오. [5~9]

5 $\dfrac{2}{5} : \dfrac{1}{4} = \left(\dfrac{2}{5} \times 20\right) : \left(\dfrac{1}{4} \times \boxed{}\right) = \boxed{} : \boxed{}$

6 $0.15 : 0.16 = \left(0.15 \times \boxed{}\right) : \left(0.16 \times \boxed{}\right) = \boxed{} : \boxed{}$

7 $45 : 50 = \left(45 \div \boxed{}\right) : \left(50 \div \boxed{}\right) = \boxed{} : \boxed{}$

8 $0.9 : 2\dfrac{1}{6} = \dfrac{\boxed{}}{10} : \dfrac{\boxed{}}{6} = \left(\dfrac{\boxed{}}{10} \times \boxed{}\right) : \left(\dfrac{\boxed{}}{6} \times \boxed{}\right)$
$= \boxed{} : \boxed{}$

9 $1\dfrac{3}{4} : 2.2 = \dfrac{\boxed{}}{4} : \dfrac{\boxed{}}{10} = \left(\dfrac{\boxed{}}{4} \times \boxed{}\right) : \left(\dfrac{\boxed{}}{10} \times \boxed{}\right)$
$= \boxed{} : \boxed{}$

◆ **가장 작은 자연수의 비로 나타내기(2)** ◆

가장 작은 자연수의 비로 나타내시오. [1~8]

1 $\dfrac{1}{3} : \dfrac{2}{5}$

2 $2\dfrac{5}{6} : 1\dfrac{3}{8}$

3 $0.3 : 1.4$

4 $1.5 : 0.25$

5 $48 : 32$

6 $2.1 : \dfrac{2}{7}$

7 $2\dfrac{3}{4} : 1.6$

8 $9 : 2\dfrac{2}{3}$

9 가장 작은 자연수의 비로 바르게 나타낸 것을 모두 찾아 기호를 쓰시오.

$$\text{㉠ } 0.75 : 0.4 = 15 : 8 \qquad \text{㉡ } 1\frac{1}{4} : 2 = 8 : 5$$

$$\text{㉢ } 36 : 42 = 2 : 3 \qquad \text{㉣ } 0.3 : 1\frac{2}{5} = 3 : 14$$

[답]

10 가장 작은 자연수의 비로 나타냈을 때 4 : 5인 비를 모두 찾아 기호를 쓰시오.

$$\text{㉠ } 1\frac{1}{4} : 1\frac{2}{3} \qquad \text{㉡ } 6.8 : 8.5$$

$$\text{㉢ } 64 : 70 \qquad \text{㉣ } 2 : 2\frac{1}{2}$$

[답]

11 가장 작은 자연수의 비로 나타냈을 때 전항이 **3**인 것을 찾아 ○표 하시오.

$$5\frac{2}{9} : 4\frac{2}{3} \qquad\qquad 0.5 : 1\frac{1}{6}$$

(   )   (   )

◆ 가장 작은 자연수의 비로 나타내기(3) ◆

1 다음 평행사변형의 밑변과 높이의 길이의 비를 가장 작은 자연수의 비로 나타내시오.

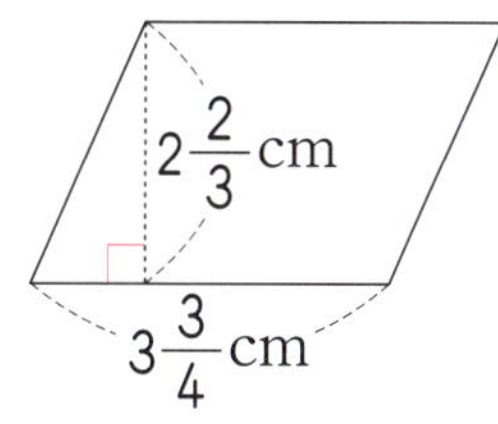

(밑변) : (높이) = ☐ : ☐

2 밀가루 반죽 한 덩이가 있습니다. 밀가루 반죽 전체의 $\frac{1}{4}$ 은 수제비를 만들고, $\frac{4}{5}$ 는 칼국수를 만들었습니다. 수제비와 칼국수를 만든 밀가루 반죽의 비를 가장 작은 자연수의 비로 나타내시오.

(수제비) : (칼국수) = ☐ : ☐

3 같은 수학 문제를 푸는 데 현정이는 32분, 지호는 36분이 걸렸습니다. 현정이와 지호가 수학 문제 푼 시간을 가장 작은 자연수의 비로 나타내시오.

(현정) : (지호) = ☐ : ☐

4 수호의 책가방의 무게는 **3.4kg**이고, 민경이의 책가방의 무게는 **2.6kg**입니다. 수호와 민경이의 책가방의 무게의 비를 가장 작은 자연수의 비로 나타내시오.

(수호) : (민경) = ☐ : ☐

5 긴 막대의 길이는 **1.8m**, 짧은 막대의 길이는 $\dfrac{5}{9}$m입니다. 긴 막대와 짧은 막대의 길이의 비를 가장 작은 자연수의 비로 나타내시오.

(긴 막대) : (짧은 막대) = ☐ : ☐

6 직사각형과 정사각형의 넓이의 비를 가장 작은 자연수의 비로 나타내시오.

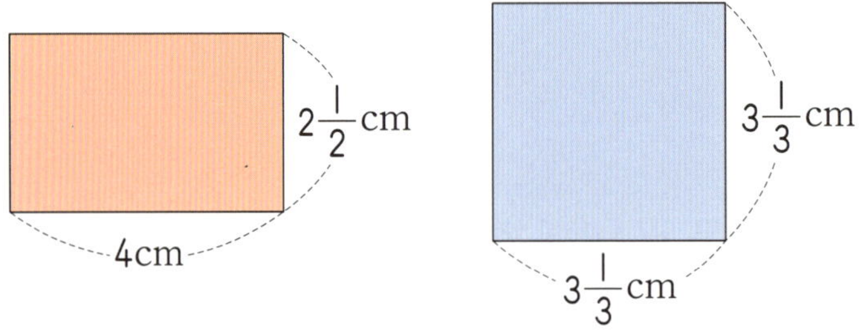

(직사각형) : (정사각형) = ☐ : ☐

◆ 비례식의 성질(1) ◆

> [비례식의 성질]
> 비례식에서 외항의 곱과 내항의 곱은 같습니다.

□ 안에 알맞은 수를 써넣으시오. [1~4]

1

$3 \times 16 = \boxed{}$

$3 : 8 = 6 : 16$

$8 \times 6 = \boxed{}$

2

$\dfrac{1}{2} \times 3 = \boxed{}$

$\dfrac{1}{2} : \dfrac{3}{4} = 2 : 3$

$\dfrac{3}{4} \times 2 = \boxed{}$

3

$\boxed{} \times 27 = \boxed{}$

$7 : 9 = 21 : 27$

$\boxed{} \times 21 = \boxed{}$

4

$0.2 \times \boxed{} = \boxed{}$

$0.2 : 1.3 = 4 : 26$

$1.3 \times \boxed{} = \boxed{}$

5 비례식을 모두 찾아 ○표 하시오.

$6 : 9 = 3 : 2$　　　(　　　)　　　$1.2 : 1.4 = 6 : 7$ (　　　)

$0.27 : 0.36 = 9 : 12$ (　　　)　　　$\dfrac{1}{5} : \dfrac{1}{6} = 5 : 6$ (　　　)

🐸 비례식의 성질을 이용하여 ■ 를 구하려고 합니다. □ 안에 알맞은 수를 써넣으시오. [6~11]

6 $3 : 5 = 12 : ■$

$3 \times ■ = 5 \times \boxed{}$

$3 \times ■ = \boxed{}$

$■ = \boxed{} \div \boxed{}$

$■ = \boxed{}$

7 $■ : 7 = 14 : 49$

$■ \times 49 = \boxed{} \times 14$

$■ \times 49 = \boxed{}$

$■ = \boxed{} \div \boxed{}$

$■ = \boxed{}$

8 $6 : ■ = 18 : 27$

$6 \times \boxed{} = ■ \times 18$

$\boxed{} = ■ \times 18$

$■ = \boxed{} \div \boxed{}$

$■ = \boxed{}$

9 $4 : 11 = ■ : 55$

$4 \times \boxed{} = 11 \times ■$

$\boxed{} = 11 \times ■$

$■ = \boxed{} \div \boxed{}$

$■ = \boxed{}$

10 $■ : 18 = 0.8 : 0.9$

$■ \times 0.9 = \boxed{} \times 0.8$

$■ \times 0.9 = \boxed{}$

$■ = \boxed{} \div \boxed{}$

$■ = \boxed{}$

11 $\dfrac{1}{3} : ■ = 5 : 3$

$\dfrac{1}{3} \times \boxed{} = ■ \times 5$

$\boxed{} = ■ \times 5$

$■ = \boxed{} \div \boxed{}$

$■ = \boxed{}$

◆ **비례식의 성질(2)** ◆

🐸 비례식의 성질을 이용하여 ☐ 안에 알맞은 수를 써넣으시오. [1~8]

1 $5 : 8 = \boxed{} : 16$

2 $9 : 7 = \boxed{} : 28$

3 $4 : 9 = 24 : \boxed{}$

4 $\boxed{} : 5 = 9 : 15$

5 $100 : 48 = 25 : \boxed{}$

6 $350 : \boxed{} = 5 : 8$

7 $2.5 : \boxed{} = 4 : 8$

8 $1\frac{1}{4} : \frac{2}{3} = 60 : \boxed{}$

9 비례식에서 □ 안에 알맞은 소수를 구하시오.

$$\square : 1\frac{1}{6} = 9 : 7$$

[답] ________________________

10 □ 안에 들어갈 수가 더 큰 비례식을 찾아 기호를 쓰시오.

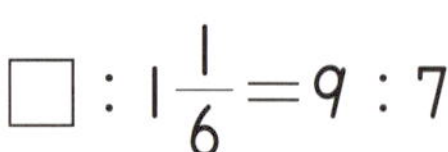

$$\textcircled{ㄱ}\ 1\frac{2}{7} : 1 = \square : 14 \qquad \textcircled{ㄴ}\ \square : 3.8 = 25 : 5$$

[답] ________________________

11 비례식에서 □ 안에 알맞은 수의 합을 구하시오.

$$4 : \frac{2}{5} = \square : 1$$
$$2 : \square = 0.3 : 7.5$$

[답] ________________________

사고력 학습

◆ 비례식의 성질(3) ◆

1 □ 안에 들어갈 수가 가장 작은 비례식을 찾아 기호를 쓰시오.

> ㉠ $6 : \square = 3 : 10$　　　㉡ $\square : 1.2 = 21 : 4$
>
> ㉢ $0.7 : 4 = \square : 80$　　　㉣ $1\frac{1}{2} : 0.7 = 15 : \square$

[답]

2 비례식에서 □ 안에 알맞은 수를 써넣으시오.

$$0.44 : 1.2 = 11 : (17 + \boxed{})$$

3 비례식에서 외항의 곱이 **90**일 때 □ 안에 알맞은 수를 구하시오.

> ● $: 15 = \square : ★$

[답]

4 비례식에서 내항의 곱이 **76**일 때 ■, ●에 알맞은 수를 구하시오.

$$4 : 9.5 = ■ : ●$$

■ ________________________ , ● ________________________

5 ㉮의 **15**배는 ㉯의 **9**배와 같습니다. ㉮ : ㉯를 가장 작은 자연수의 비로 나타내시오.

[답] ________________________

6 비례식에서 □ 안에 들어갈 수가 같을 때 ★에 알맞은 수를 구하시오.

$$□ : 5 = 2.1 : 1.5$$
$$★ : 6 = □ : 3$$

[답] ________________________

✿ 이름 :

✿ 날짜 :

✿ 시간 :　　　시　　　분 ~　　　시　　　분

확인

◆ **비례식의 활용 (1)** ◆

🐸　그림은 주연이네 거실을 줄여서 그린 것입니다. 실제 거실의 세로가 8m라고 할 때 실제 가로 길이를 알아보려고 합니다. 물음에 답하시오. [1~4]

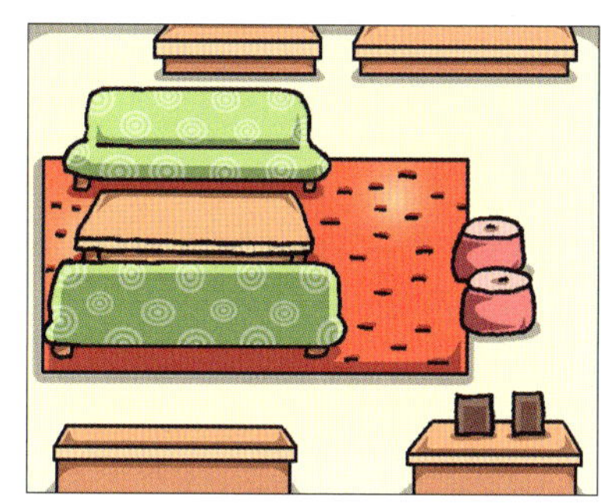

1　자를 이용하여 위 거실 그림의 가로 길이와 세로 길이를 재어 보면 각각 몇 cm입니까?

(가로) ________________________ , (세로) ________________________

2　실제 거실의 가로를 □m라 하고 비례식을 세워 보시오.

[답]

3　비례식을 풀어서 □의 값을 구해 보시오.

[답]

4　실제 거실의 가로는 몇 m입니까?

[답]

맞물려 돌아가는 두 톱니바퀴가 있습니다. 톱니바퀴 ㉮가 5번 도는 동안에 톱니바퀴 ㉯는 6번 돕니다. 톱니바퀴 ㉮가 85번 도는 동안에 톱니바퀴 ㉯는 몇 번 돌게 되는지 알아보려고 합니다. 물음에 답하시오. [5~7]

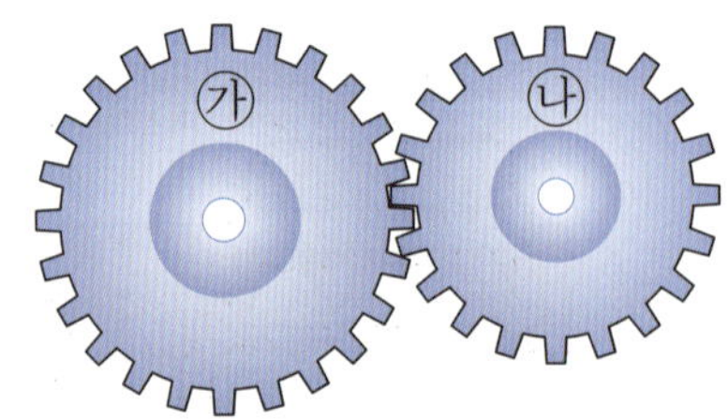

5 톱니바퀴 ㉮가 85번 도는 동안에 톱니바퀴 ㉯가 도는 수를 □로 하여 비례식을 세워 보시오.

[답] ______________________

6 비례식을 풀어서 □의 값을 구해 보시오.

[답] ______________________

7 톱니바퀴 ㉮가 85번 도는 동안에 톱니바퀴 ㉯는 몇 번 돌게 됩니까?

[답] ______________________

 사고력 학습

◆ 비례식의 활용(2) ◆

1　직사각형 모양의 스케치북의 가로와 세로의 비는 3 : 2입니다. 가로가 90cm이면 세로는 몇 cm입니까?

[답]

2　일정한 빠르기로 2시간 동안에 160km를 가는 자동차가 있습니다. 같은 빠르기로 달릴 때 480km를 가려면 몇 시간 걸리겠습니까?

[답]

3　어떤 사람이 3일 동안 일을 하고 24만 원을 받았습니다. 이 사람이 같은 일을 일주일 동안 하면 얼마를 받을 수 있습니까?

[답]

4　3분에 27L의 물이 나오는 수도가 있습니다. 이 수도로 물을 405L 받으려면 몇 분 동안 수도꼭지를 틀어 놓아야 합니까?

[답]

5 연필 4자루의 값이 1800원입니다. 이 연필 2타의 값은 얼마입니까?

[답]

6 휘발유 4L로 48km를 가는 자동차가 있습니다. 이 자동차가 144km를 달리는데 필요한 휘발유는 몇 L입니까?

[답]

7 성규는 오늘 길이가 1m인 막대기를 땅에 수직으로 세운 다음 막대기의 그림자의 길이를 재었더니 1.4m였습니다. 같은 시각에 길이가 4.5m인 막대를 땅에 수직으로 세운다면 그림자의 길이는 몇 m가 됩니까?

[답]

8 정희네 반 학생의 30%는 농구를 좋아합니다. 농구를 좋아하는 학생이 9명일 때, 반 전체 학생 수는 몇 명입니까?

[답]

 사고력 학습

사고력 기탄수학

J-133a

● 이름 :

● 날짜 :

● 시간 : 시 분 ~ 시 분

확인

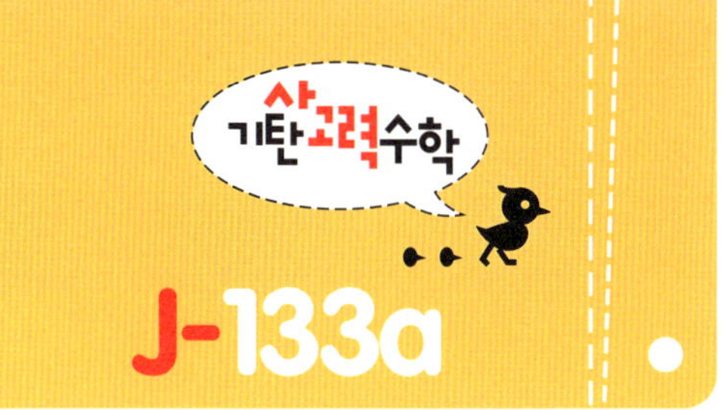

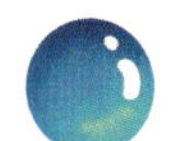

창의력 학습

서연이와 하준이는 사탕을 똑같이 나누어 가지려다가 잘못 나누어 4 : 3으로 나누어 가졌습니다. 서연이가 40개를 가졌다면, 하준이에게 몇 개를 주어야 사탕의 수가 같아집니까?

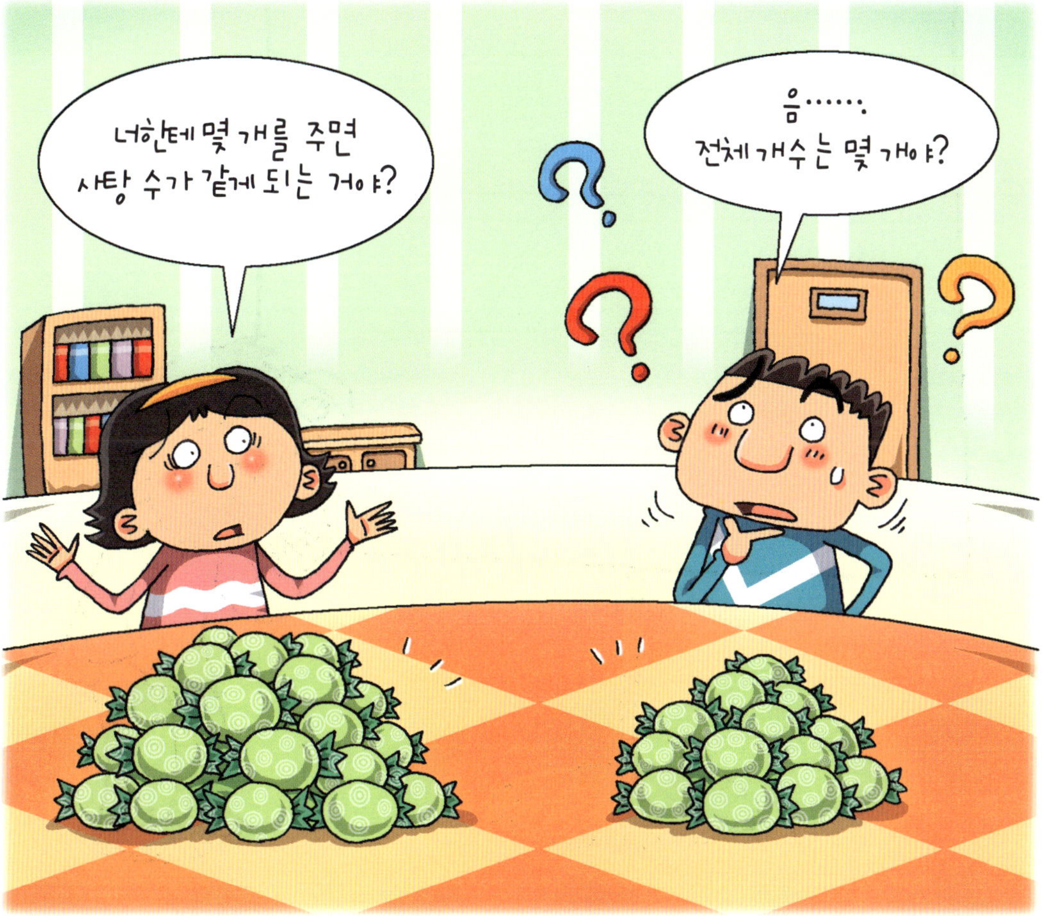

[답]

석호는 원 안과 밖에 정삼각형을 그렸습니다. 원 밖의 정삼각형의 넓이가 100cm^{2}라 할 때 원 안의 정삼각형의 넓이는 몇 cm^{2}입니까?

[답]

창의력 학습

❀ 이름 :

❀ 날짜 :

❀ 시간 :　시　분~　시　분

확인

 경시대회 예상문제

1 ㉮를 $2\frac{2}{3}$배 한 수는 ㉯를 3.8배 한 수와 같습니다. ㉮와 ㉯의 비를 가장 작은 자연수의 비로 나타내시오.

[답]

서술형·논술형

2 직사각형 ㉮와 직사각형 ㉯가 그림과 같이 겹쳐져 있습니다. 겹쳐진 부분의 넓이는 ㉮의 $\frac{2}{3}$이고, ㉯의 $\frac{3}{5}$입니다. ㉮와 ㉯의 넓이의 비를 가장 작은 자연수의 비로 나타내려고 합니다. 풀이 과정을 쓰고 답을 구하시오.

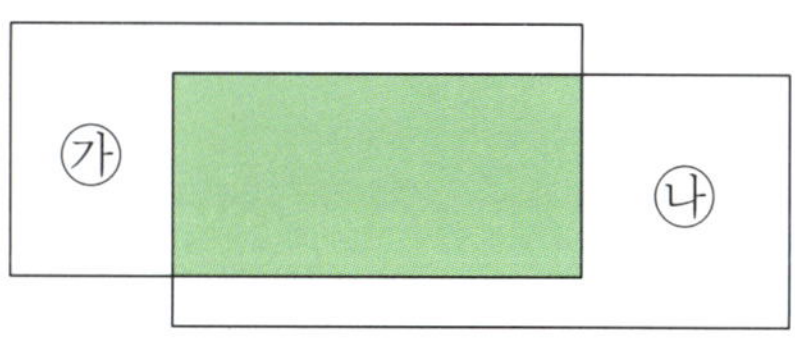

[답]

3 참기름이 가득 들어 있는 병이 2개 있습니다. 큰 병과 작은 병의 들이의 비는 $\frac{1}{2} : \frac{2}{5}$입니다. 큰 병의 들이가 2.5 L이면 작은 병의 들이는 몇 L입니까?

[답]

4 다음 삼각형은 밑변과 높이의 비가 **9 : 5**입니다. 이 삼각형의 높이가 20cm
일 때 넓이는 몇 cm^2입니까?

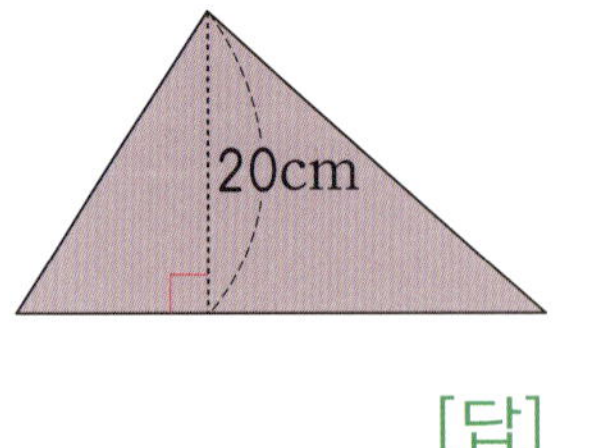

[답] ______________________

5 정사각형 ㄱㄴㄷㄹ의 각 변의 한가운데 점을 연결하여 작은 정사각형을
만들었습니다. 그림에서 색칠한 부분과 색칠하지 않은 부분의 비를 가장
작은 자연수의 비로 나타내시오.

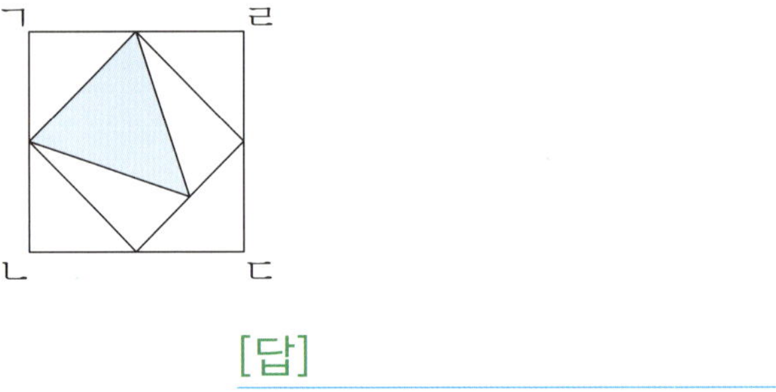

[답] ______________________

6 직사각형의 가로와 세로의 비가 **4 : $3\frac{1}{7}$** 인 직사각형이 있습니다. 이 직사각
형의 가로가 14cm일 때 직사각형의 넓이는 몇 cm^2입니까?

[답] ______________________

7 그림을 보고 평행사변형과 사다리꼴의 넓이의 비를 가장 작은 자연수의 비로 나타내시오.

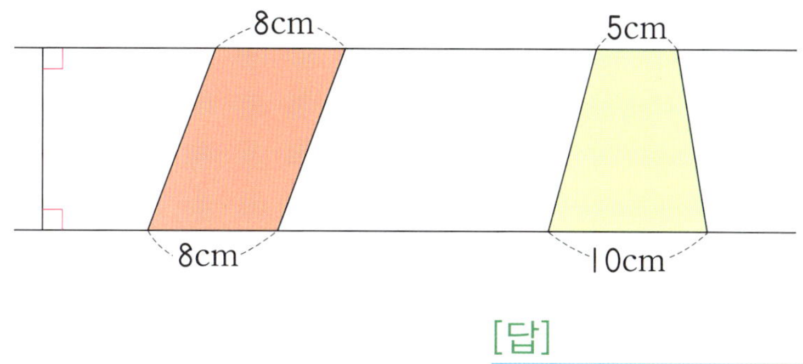

[답]

8 어느 날 낮의 길이는 9.25시간이었습니다. 이 날 낮과 밤의 길이의 비를 가장 작은 자연수의 비로 나타내시오.

[답]

서술형·논술형

9 서로 맞물려 돌아가는 두 톱니바퀴 ㉮와 ㉯가 있습니다. ㉮의 톱니 수는 35개, ㉯의 톱니 수는 40개입니다. ㉮가 32바퀴를 도는 동안 ㉯는 몇 바퀴를 돌게 되는지 풀이 과정을 쓰고 답을 구하시오.

[답]

10 그림과 같이 원기둥 모양의 물통에 160L의 물을 더 부으면 가득 차게 됩니다. 이 물통에 담긴 물의 깊이가 2.1m일 때 물통에 담긴 물의 양은 몇 L입니까?

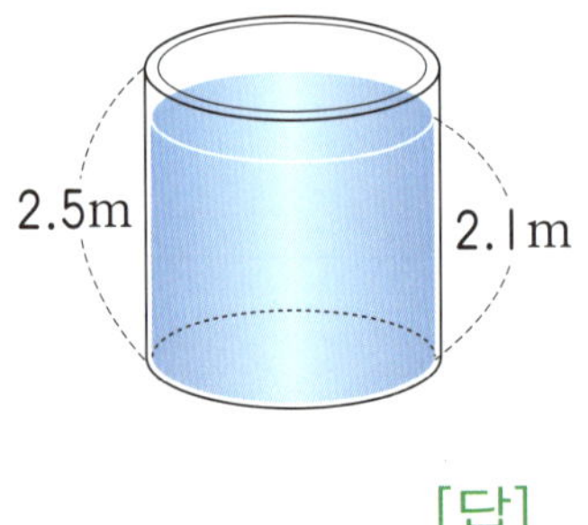

[답]

11 물병 ㉮와 ㉯에 물이 들어 있었습니다. 물병 ㉮의 $\frac{1}{3}$, 물병 ㉯의 $\frac{1}{4}$을 각각 마셨더니 남은 물의 양의 비가 2 : 3이었습니다. 처음에 ㉮와 ㉯에 들어 있는 물의 양의 비를 가장 작은 자연수의 비로 나타내시오.

[답]

12 하루에 8분씩 늦게 가는 시계가 있습니다. 오늘 오전 7시에 시계를 정확히 맞추어 놓았습니다. 다음날 오전 10시에 이 시계가 가리키는 시각은 몇 시 몇 분입니까?

[답]

경시대회 예상문제

학습 관리표

학습 내용		이번 주는?
연비와 비례배분	· 연비 · 두 비의 관계를 연비로 나타내기 · 연비의 성질 · 비례배분 · 연비로 비례배분 · 창의력 학습 · 경시대회 예상문제	· 학습 방법 : ① 매일매일　② 가끔　③ 한꺼번에　하였습니다. · 학습 태도 : ① 스스로 잘　② 시켜서 억지로　하였습니다. · 학습 흥미 : ① 재미있게　② 싫증내며　하였습니다. · 교재 내용 : ① 적합하다고　② 어렵다고　③ 쉽다고　하였습니다.
지도 교사가 부모님께		부모님이 지도 교사께
평가		Ⓐ 아주 잘함　　Ⓑ 잘함　　Ⓒ 보통　　Ⓓ 부족함

원(교)　　　　　반　　이름　　　　　전화

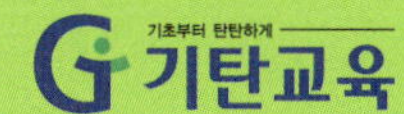

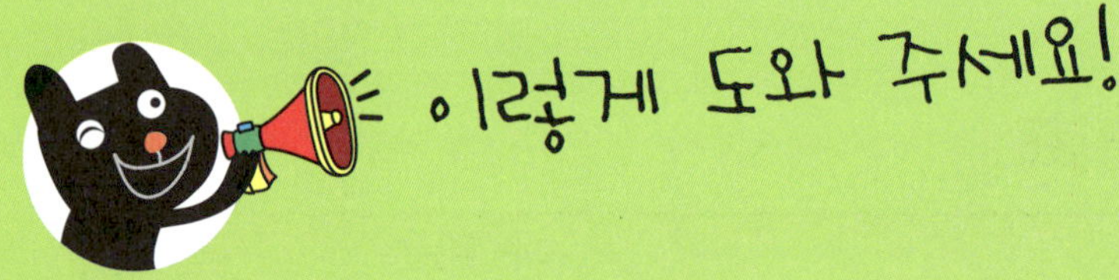

● 학습 목표

- 연비를 이해할 수 있습니다.
- 두 비의 관계를 연비로 나타낼 수 있습니다.
- 연비의 성질을 알 수 있습니다.
- 비례배분을 알 수 있습니다.
- 연비로 비례배분하는 방법을 알 수 있습니다.

● 지도 내용

- 셋 이상의 양의 비를 한꺼번에 나타내는 연비를 이해합니다.
- 두 비가 주어진 경우 같은 비를 이용하거나 같은 수를 곱하는 것을 이용하여 연비로 나타내는 방법을 알아봅니다.
- 연비의 각 항에 0이 아닌 같은 수를 곱하거나 나누어 가장 작은 자연수의 연비로 나타낸다는 연비의 성질 1, 2를 알아봅니다.
- 비례배분의 개념을 약속하고 비례배분하는 방법을 이해합니다.
- 연비로 비례배분하는 방법을 이해합니다.

● 지도 요점

비와 비율, 비례식을 기초로 하여 셋 이상의 양의 비를 한꺼번에 나타내는 연비의 뜻을 알고, 두 비의 관계를 연비로 나타낼 수 있으며 연비의 각 항에 0이 아닌 같은 수로 곱하거나 나눌 수 있다는 연비의 성질을 알 수 있습니다. 전체를 주어진 비로 배분하는 것을 이해하며 연비로 주어진 양을 비례배분할 수 있습니다.

J-136a

◆ 연비(1) ◆

> 셋 이상의 양의 비를 한꺼번에 나타낸 것을 연비라고 합니다.

1 연비를 모두 찾아 기호를 쓰시오.

ㄱ 4 : 3　　　　ㄴ 1 : 2 : 3　　　　ㄷ 1.5 : 7 : 0.2

ㄹ $1\frac{1}{2}$: 4 : 2.8　　　　ㅁ 2 : $1\frac{2}{3}$　　　　ㅂ 2 : 1 : 3 : 5

[답]

2 상자 안에 사과가 8개, 감이 9개, 귤이 10개 있습니다. □ 안에 알맞은 수를 써넣으시오.

(1) 사과와 감의 수를 비로 나타내시오.

(사과) : (감) = □ : □

(2) 감과 귤의 수를 비로 나타내시오.

(감) : (귤) = □ : □

(3) 사과, 감, 귤의 수를 연비로 나타내시오.

(사과) : (감) : (귤) = □ : □ : □

🐸 그림을 보고 세 종류의 개수를 연비로 나타내시오. [3~4]

3

빨간 공	파란 공	노란 공
●●●	●●	●●●●●

(빨간 공) : (파란 공) : (노란 공) = ☐ : ☐ : ☐

4

연필	지우개	자

(연필) : (지우개) : (자) = ☐ : ☐ : ☐

5 직육면체의 밑면의 가로, 밑면의 세로, 높이를 연비로 나타내시오.

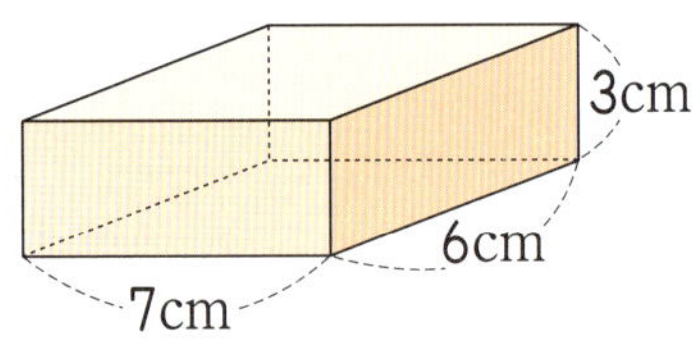

(밑면의 가로) : (밑면의 세로) : (높이) = ☐ : ☐ : ☐

✿이름 :

✿날짜 :

✿시간 : 　시　 분 ~ 　시　 분

확인

◆ **연비**(2) ◆

1 수진이의 책꽂이에 동화책이 3권, 소설책이 1권, 위인전이 2권 꽂혀 있습니다. 수진이의 책꽂이에 꽂혀 있는 세 종류의 책의 수를 연비로 나타내시오.

(동화책) : (소설책) : (위인전) = ☐ : ☐ : ☐

2 상자 속에 빨간 색종이가 25장, 파란 색종이가 12장, 노란 색종이가 9장 들어 있습니다. 3가지 색의 색종이의 수를 연비로 나타내시오.

(빨간 색종이) : (파란 색종이) : (노란 색종이) = ☐ : ☐ : ☐

3 진호의 몸무게는 38kg, 근희의 몸무게는 42kg, 영철이의 몸무게는 45kg입니다. 세 사람의 몸무게를 연비로 나타내시오.

(진호) : (근희) : (영철) = ☐ : ☐ : ☐

4 100m 달리기를 혜수는 18초, 정호는 15초, 현주는 19초에 뛰었습니다. 세 사람이 100m 달리기 한 기록을 연비로 나타내시오.

(혜수) : (정호) : (현주) = ☐ : ☐ : ☐

5 영우의 나이는 12살, 이모의 나이는 28살, 삼촌의 나이는 이모보다 3살 더 많습니다. 세 사람의 나이를 연비로 나타내시오.

(영우) : (이모) : (삼촌) = ☐ : ☐ : ☐

6 철호의 시험 점수는 국어는 85점, 수학은 국어보다 2점 적게, 영어는 수학보다 8점 많게 받았습니다. 철호의 세 과목 시험 점수를 연비로 나타내시오.

(국어) : (수학) : (영어) = ☐ : ☐ : ☐

J-138a

✿ 이름 :

✿ 날짜 :

✿ 시간 :　　시　　분 ~　　시　　분

◆ 두 비의 관계를 연비로 나타내기(1) ◆

1 가 : 나＝2 : 3이고 나 : 다＝4 : 5입니다. 세 수 가, 나, 다를 연비로 나타내려고 합니다. ☐ 안에 알맞은 수를 써넣으시오.

가 : 나＝2 : 3＝4 : ☐ ＝6 : ☐ ＝8 : ☐

나 : 다＝4 : 5＝8 : ☐ ＝12 : ☐

➡ 가 : 나 : 다＝ ☐ : ☐ : ☐

2 가 : 나＝5 : 6이고 가 : 다＝3 : 7입니다. 세 수 가, 나, 다를 연비로 나타내려고 합니다. ☐ 안에 알맞은 수를 써넣으시오.

가 : 나＝5 : 6＝10 : ☐ ＝15 : ☐

가 : 다＝3 : 7＝ ☐ : 14＝ ☐ : 21＝ ☐ : 28＝ ☐ : 35

➡ 가 : 나 : 다＝ ☐ : ☐ : ☐

3 가 : 다＝9 : 4이고 나 : 다＝8 : 5입니다. 세 수 가, 나, 다를 연비로 나타내려고 합니다. ☐ 안에 알맞은 수를 써넣으시오.

가 : 다＝9 : 4＝18 : ☐ ＝27 : ☐ ＝36 : ☐ ＝45 : ☐

나 : 다＝8 : 5＝16 : ☐ ＝24 : ☐ ＝32 : ☐

➡ 가 : 나 : 다＝ ☐ : ☐ : ☐

🐸 연비 가 : 나 : 다를 구하는 과정입니다. ☐ 안에 알맞은 수를 써넣으시오. [4~6]

4 가 : 나=7 : 2이고 나 : 다=5 : 8일 때

가	:	나	:	다
7	:	2		
		5	:	8

$7 \times$ ☐ $: 2 \times$ ☐ $:$ ☐ $\times 8$

➡

가	:	나	:	다
35	:	10		
		10	:	16

☐ $:$ ☐ $:$ ☐

5 가 : 나=4 : 11이고 가 : 다=3 : 7일 때

가	:	나	:	다
4	:	11		
3	:			7

$4 \times$ ☐ $:$ ☐ $\times 3 :$ ☐ $\times 7$

➡

가	:	나	:	다
12	:	33		
12	:			☐

☐ $:$ ☐ $:$ ☐

6 가 : 다=8 : 9이고 나 : 다=7 : 10일 때

가	:	나	:	다
8	:			9
		7	:	10

$8 \times$ ☐ $:$ ☐ $\times 7 : 9 \times$ ☐

➡

가	:	나	:	다
☐	:			90
		☐	:	90

☐ $:$ ☐ $:$ ☐

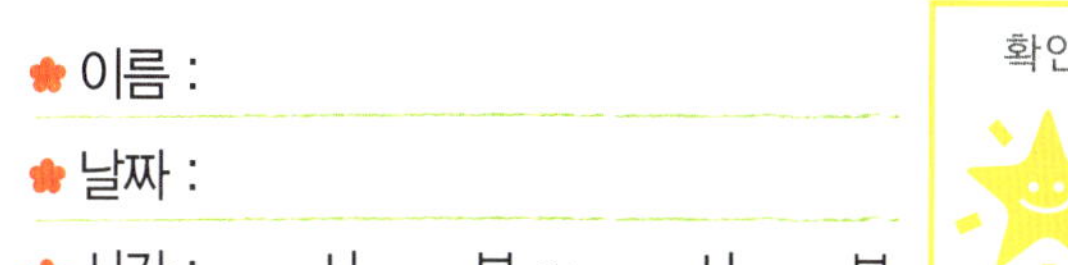

✿ 이름 :

✿ 날짜 :

✿ 시간 :　　시　　분 ~　　시　　분

◆ 두 비의 관계를 연비로 나타내기(2) ◆

🐸 연비 가 : 나 : 다로 나타내시오. [1~3]

1

> 가 : 나＝2 : 9, 나 : 다＝4 : 5

[답]

2

> 가 : 나＝3 : 5, 가 : 다＝2 : 7

[답]

3

> 가 : 다＝8 : 3, 나 : 다＝9 : 4

[답]

사고력 학습

4 가 : 나 $=\dfrac{1}{5}$: 1, 나 : 다 $=0.4$: 3입니다. 두 비를 가장 작은 자연수의 연비로 나타내려고 합니다. 물음에 답하시오.

(1) 두 비를 각각 가장 작은 자연수의 비로 나타내시오.

가 : 나 $=$ ☐ : ☐ , 나 : 다 $=$ ☐ : ☐

(2) 세 수 가, 나, 다를 가장 작은 자연수의 연비로 나타내시오.

가 : 나 : 다 $=$ ☐ : ☐ : ☐

5 세 수 가, 나, 다를 가장 작은 자연수의 연비로 나타내시오.

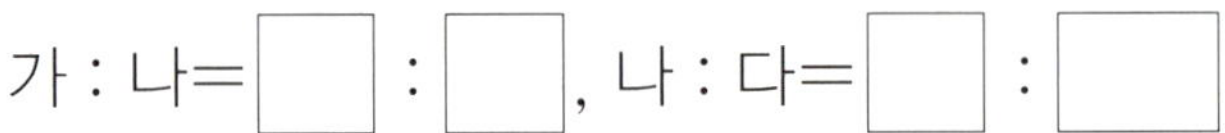

$$가 : 나 = \dfrac{2}{3} : \dfrac{1}{4}, \quad 가 : 다 = 0.3 : 0.7$$

[답]

6 가 : 다 $=3$: 7이고 나 : 다 $=5$: ☐일 때, 가 : 나 : 다 $=18$: 35 : 42입니다. ☐ 안에 알맞은 수를 구하시오.

[답]

◆ **두 비의 관계를 연비로 나타내기(3)** ◆

1 빵을 지현, 정호, 민희가 나누어 먹었습니다. 먹은 빵의 비는 지현이와 정
호는 2 : 3이고, 정호와 민희는 4 : 5입니다. 세 사람이 먹은 빵의 비를 연비
로 나타내시오.

$$\text{(지현)} : \text{(정호)} : \text{(민희)}$$

$$2 : 3$$

$$4 : 5$$

$$\boxed{} : \boxed{} : \boxed{}$$

2 직육면체의 가로와 세로의 비가 8 : 3이고, 가로와 높이의 비가 9 : 7입니다.
직육면체의 가로, 세로, 높이의 비를 연비로 나타내시오.

$$\text{(가로)} : \text{(세로)} : \text{(높이)} = \boxed{} : \boxed{} : \boxed{}$$

3 동생과 형의 키의 비는 4 : 7이고, 희철이와 형의 키의 비는 5 : 6입니다. 세
사람의 키의 비를 연비로 나타내시오.

$$\text{(동생)} : \text{(희철)} : \text{(형)} = \boxed{} : \boxed{} : \boxed{}$$

4 윗몸일으키기 한 횟수의 비는 아영이와 민호는 5 : 8이고, 민호와 주현이는 9 : 4입니다. 세 사람의 윗몸일으키기 한 횟수의 비를 연비로 나타내시오.

(아영) : (민호) : (주현) = ☐ : ☐ : ☐

5 지수, 영민, 정현이는 빈병을 모았습니다. 모은 빈병 수의 비는 지수와 정현이는 9 : 11이고, 영민이와 정현이는 3 : 2입니다. 세 사람이 모은 빈병 수의 비를 연비로 나타내시오.

(지수) : (영민) : (정현) = ☐ : ☐ : ☐

6 쌀, 콩, 보리를 넣어서 잡곡밥을 지었습니다. 잡곡밥에 곡식을 넣은 비는 쌀과 콩은 8 : 3이고 쌀과 보리는 7 : 5입니다. 쌀, 콩, 보리의 비를 연비로 나타내시오.

(쌀) : (콩) : (보리) = ☐ : ☐ : ☐

J-141a

◆ 연비의 성질(1) ◆

[연비의 성질 1]
연비는 각 항에 0이 아닌 같은 수를 곱하여 가장 작은 자연수의 연비로 나타낼 수 있습니다.

[연비의 성질 2]
연비는 각 항을 0이 아닌 같은 수로 나누어 가장 작은 자연수의 연비로 나타낼 수 있습니다.

1 연비 $\dfrac{2}{3} : \dfrac{1}{5} : \dfrac{1}{6}$ 을 가장 작은 자연수의 연비로 나타내려고 합니다. 물음에 답하시오.

(1) 세 분모 3, 5, 6의 최소공배수를 구하시오.

[답]

(2) 각 항에 세 분모의 최소공배수를 곱하여 가장 작은 자연수의 연비로 나타내려고 합니다. ☐ 안에 알맞은 수를 써넣으시오.

$$\dfrac{2}{3} : \dfrac{1}{5} : \dfrac{1}{6} = \left(\dfrac{2}{3} \times \boxed{}\right) : \left(\dfrac{1}{5} \times \boxed{}\right) : \left(\dfrac{1}{6} \times \boxed{}\right)$$

$$= \boxed{} : \boxed{} : \boxed{}$$

🐸 가장 작은 자연수의 연비로 나타내려고 합니다. ☐ 안에 알맞은 수를 써넣으시오.
[2~5]

2 $\dfrac{1}{4} : \dfrac{1}{3} : \dfrac{5}{8} = \left(\dfrac{1}{4} \times \boxed{}\right) : \left(\dfrac{1}{3} \times \boxed{}\right) : \left(\dfrac{5}{8} \times \boxed{}\right)$

$\qquad = \boxed{} : \boxed{} : \boxed{}$

3 $0.9 : 2.2 : 0.4 = \left(0.9 \times \boxed{}\right) : \left(2.2 \times \boxed{}\right) : \left(0.4 \times \boxed{}\right)$

$\qquad = \boxed{} : \boxed{} : \boxed{}$

4 $240 : 360 : 480 = \left(240 \div \boxed{}\right) : \left(360 \div \boxed{}\right) : \left(480 \div \boxed{}\right)$

$\qquad = \boxed{} : \boxed{} : \boxed{}$

5 $\dfrac{3}{8} : 0.6 : 1\dfrac{3}{5} = \dfrac{\boxed{}}{8} : \dfrac{\boxed{}}{10} : \dfrac{\boxed{}}{5}$

$\qquad = \left(\dfrac{\boxed{}}{8} \times \boxed{}\right) : \left(\dfrac{\boxed{}}{10} \times \boxed{}\right) : \left(\dfrac{\boxed{}}{5} \times \boxed{}\right)$

$\qquad = \boxed{} : \boxed{} : \boxed{}$

J-142a

◆ **연비의 성질(2)** ◆

가장 작은 자연수의 연비로 나타내시오. [1~5]

1 $\dfrac{5}{8} : \dfrac{3}{4} : 1\dfrac{2}{3}$

2 $0.6 : 2.16 : 1.8$

3 $84 : 60 : 52$

4 $1\dfrac{2}{5} : 0.4 : 1.2$

5 $1.25 : 4 : 2\dfrac{1}{2}$

6 연비 $1.4 : \dfrac{3}{8} : 5$를 가장 작은 자연수의 연비 ㉠ : ㉡ : ㉢으로 나타낼 때 ㉠ ＋㉡＋㉢을 구하시오.

$$1.4 : \dfrac{3}{8} : 5 = ㉠ : ㉡ : ㉢$$

[답]

---

7 가장 작은 자연수의 연비로 바르게 나타낸 것을 찾아 기호를 쓰시오.

㉠ $\dfrac{2}{5} : 1\dfrac{1}{6} : \dfrac{1}{4} = 24 : 14 : 15$

㉡ $0.9 : 2.4 : 3.9 = 3 : 8 : 13$

㉢ $1.2 : \dfrac{2}{3} : 0.6 = 9 : 5 : 4$

[답]

---

8 가장 작은 자연수의 연비로 나타냈을 때 $3 : 7 : 12$인 연비를 모두 찾아 기호를 쓰시오.

㉠ $45 : 95 : 60$ ㉡ $1.05 : 2.45 : 4.2$

㉢ $0.6 : 1\dfrac{2}{5} : 2.4$ ㉣ $7.5 : 17.5 : 15$

[답]

★ 이름 :

★ 날짜 :

★ 시간 :　　시　　분 ~ 　시　　분

확인

◆ 연비의 성질(3) ◆

1 빵을 지수, 동열, 선호가 나누어 먹었습니다. 지수는 전체의 $\frac{1}{4}$, 동열이는 전체의 $\frac{1}{5}$, 선호는 전체의 $\frac{1}{3}$ 을 먹었습니다. 세 사람이 나누어 먹은 빵의 양을 가장 작은 자연수의 연비로 나타내시오.

(지수) : (동열) : (선호) = ☐ : ☐ : ☐

2 우유를 희주는 320mL, 효철이는 500mL, 현주는 440mL를 마셨습니다. 희주, 효철, 현주가 마신 우유의 양을 가장 작은 자연수의 연비로 나타내시오.

(희주) : (효철) : (현주) = ☐ : ☐ : ☐

3 정현이가 가지고 있는 연필의 길이는 13.5cm, 볼펜의 길이는 15cm, 색연필의 길이는 16.5cm였습니다. 연필, 볼펜, 색연필의 길이를 가장 작은 자연수의 연비로 나타내시오.

(연필) : (볼펜) : (색연필) = ☐ : ☐ : ☐

4 진우는 4500원, 수정이는 2700원, 경미는 3600원의 돈을 가지고 있습니다. 세 사람이 가지고 있는 돈을 가장 작은 자연수의 연비로 나타내시오.

(진우) : (수정) : (경미) = ☐ : ☐ : ☐

5 명랑 초등학교의 야구 선수들의 타율이 정수는 3할2푼, 철호는 3할, 경주는 2할8푼입니다. 세 사람의 타율을 가장 작은 자연수의 연비로 나타내시오.

(정수) : (철호) : (경주) = ☐ : ☐ : ☐

6 철사로 윗변은 $4\frac{1}{8}$cm, 아랫변은 8cm, 높이는 6.5cm인 사다리꼴 모양을 만들었습니다. 사다리꼴의 윗변, 아랫변, 높이의 길이를 가장 작은 자연수의 연비로 나타내시오.

(윗변) : (아랫변) : (높이) = ☐ : ☐ : ☐

사고력 학습

✿ 이름 :

✿ 날짜 :

✿ 시간 :　　시　　분 ~　　시　　분

◆ **비례배분(1)** ◆

> 전체를 주어진 비로 배분하는 것을 비례배분이라고 합니다.

1 7000을 2 : 5로 비례배분하려고 합니다. ☐ 안에 알맞은 수를 써넣으시오.

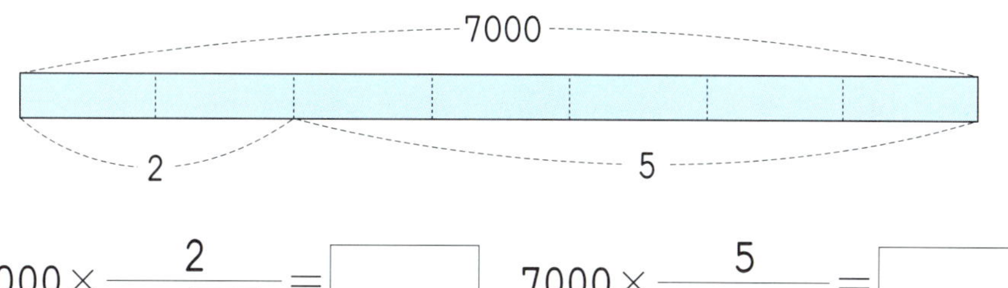

$$7000 \times \dfrac{2}{(2+\boxed{})} = \boxed{}, \quad 7000 \times \dfrac{5}{(\boxed{}+5)} = \boxed{}$$

2 사탕 15개를 지아와 호영이에게 3 : 2로 나누어 주려고 합니다. 물음에 답하시오.

(1) 지아와 호영이에게 사탕을 각각 전체의 몇 분의 몇씩 나누어 주면 되는지 ☐ 안에 알맞은 수를 써넣으시오.

$$(\text{지아}) = \dfrac{\boxed{}}{(3+\boxed{})} = \dfrac{\boxed{}}{5}, \quad (\text{호영}) = \dfrac{\boxed{}}{(\boxed{}+2)} = \dfrac{\boxed{}}{5}$$

(2) 지아와 호영이에게 사탕을 각각 몇 개씩 나누어 주면 되는지 ☐ 안에 알맞은 수를 써넣으시오.

$$(\text{지아}) = \boxed{} \times \dfrac{\boxed{}}{5} = \boxed{} (\text{개}), \quad (\text{호영}) = \boxed{} \times \dfrac{\boxed{}}{5} = \boxed{} (\text{개})$$

🐸 왼쪽 수를 가 : 나로 비례배분하시오. [3~6]

3

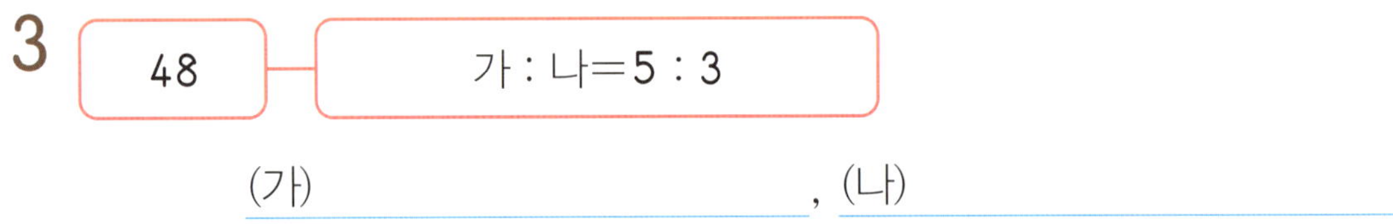

(가) ________________________ , (나) ________________________

4

| 120 | 가 : 나=7 : 8 |

(가) ________________________ , (나) ________________________

5

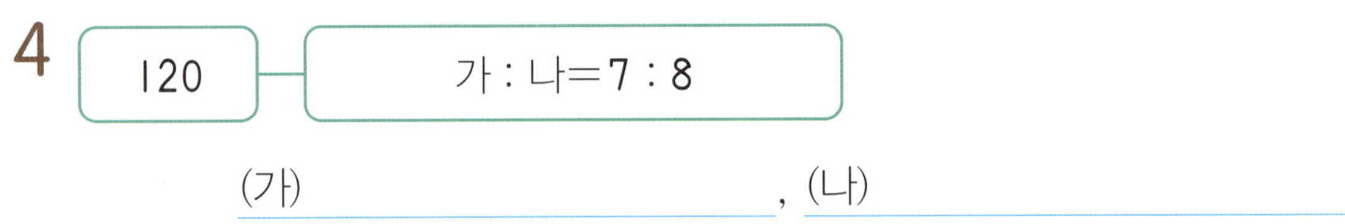

(가) ________________________ , (나) ________________________

6

| 4000 | 가 : 나=13 : 12 |

(가) ________________________ , (나) ________________________

사고력 학습

✿ 이름 :

✿ 날짜 :

✿ 시간 :　　　시　　　분 ~ 　　　시　　　분

확인

◆ **비례배분(2)** ◆

1 공책 16권을 언니와 동생이 5 : 3으로 나누어 가지려고 합니다. 언니와 동생은 각각 몇 권씩 나누어 가지면 됩니까?

(언니) ＿＿＿＿＿＿＿＿＿＿＿＿ , (동생) ＿＿＿＿＿＿＿＿＿＿＿＿

2 범수는 3000원으로 빵과 우유를 샀습니다. 빵과 우유의 값의 비가 3 : 1이라면 빵과 우유의 값은 각각 얼마입니까?

(빵) ＿＿＿＿＿＿＿＿＿＿＿＿ , (우유) ＿＿＿＿＿＿＿＿＿＿＿＿

3 분홍색 물감을 만들려고 빨간색 물감과 흰색 물감을 7 : 3으로 섞었습니다. 분홍색 물감 200mL를 만들었다면 빨간색 물감과 흰색 물감을 각각 몇 mL씩 섞은 것입니까?

(빨간색 물감) ＿＿＿＿＿＿＿＿＿＿＿＿ , (흰색 물감) ＿＿＿＿＿＿＿＿＿＿＿＿

J-145b

4 귤 36개를 각 모둠 학생 수에 따라 나누어 주려고 합니다. 가 모둠은 5명, 나 모둠은 4명입니다. 가와 나 모둠에 각각 몇 개씩 나누어 주어야 합니까?

(가 모둠) ___________________ , (나 모둠) ___________________

5 가로와 세로의 비가 8 : 9이며 둘레의 길이가 68cm인 직사각형을 만들려고 합니다. 가로와 세로의 길이를 각각 몇 cm로 만들어야 합니까?

(가로) ___________________ , (세로) ___________________

6 정아와 도윤이는 길이가 1800m인 산책로를 양 끝에서 마주 보고 동시에 출발하여 달리다가 서로 만났습니다. 정아와 도윤이의 빠르기가 4 : 5라면 정아와 도윤이는 각각 몇 m를 달렸습니까?

(정아) ___________________ , (도윤) ___________________

✿ 이름 :

✿ 날짜 :

✿ 시간 :　　시　　분 ~　　시　　분

확인

◆ **연비로 비례배분(1)** ◆

1 1400을 1 : 2 : 4로 비례배분하려고 합니다. ☐ 안에 알맞은 수를 써넣으시오.

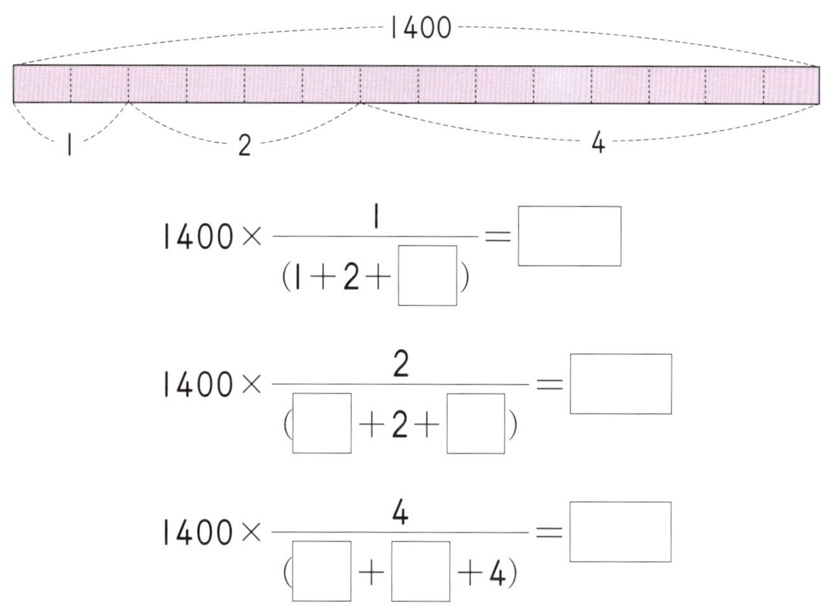

$$1400 \times \dfrac{1}{(1+2+\boxed{})} = \boxed{}$$

$$1400 \times \dfrac{2}{(\boxed{}+2+\boxed{})} = \boxed{}$$

$$1400 \times \dfrac{4}{(\boxed{}+\boxed{}+4)} = \boxed{}$$

2 48을 가, 나, 다가 3 : 4 : 1이 되게 비례배분하려고 합니다. ☐ 안에 알맞은 수를 써넣으시오.

$$\text{가}: 48 \times \dfrac{3}{(3+\boxed{}+\boxed{})} = \boxed{}$$

$$\text{나}: 48 \times \dfrac{4}{(\boxed{}+4+\boxed{})} = \boxed{}$$

$$\text{다}: 48 \times \dfrac{1}{(\boxed{}+\boxed{}+1)} = \boxed{}$$

🐸 왼쪽 수를 가 : 나 : 다로 비례배분하시오. [3~5]

3

| 24 | 가 : 나 : 다 = 2 : 1 : 3 |

(가) ________________ , (나) ________________ , (다) ________________

4

| 252 | 가 : 나 : 다 = 3 : 6 : 5 |

(가) ________________ , (나) ________________ , (다) ________________

5

| 3500 | 가 : 나 : 다 = $\dfrac{1}{7}$: $\dfrac{5}{14}$: $\dfrac{1}{2}$ |

(가) ________________ , (나) ________________ , (다) ________________

✿이름 :

✿날짜 :

✿시간 :　　시　　분 ~ 　　시　　분

확인

◆ **연비로 비례배분(2)** ◆

1 상자 속에 사과, 배, 귤이 모두 **54**개 들어 있습니다. 사과, 배, 귤의 개수가 2 : 1 : 3의 연비로 들어 있다면 상자 속에 들어 있는 귤은 몇 개입니까?

[답]

2 색종이 **150**장을 각 모둠 학생 수에 따라 나누어 주려고 합니다. 가 모둠은 5명, 나 모둠은 4명, 다 모둠은 6명입니다. 색종이를 각 모둠에 몇 장씩 나누어 주면 됩니까?

(가 모둠)　　　　　　　　, (나 모둠)　　　　　　　　, (다 모둠)

3 철호, 희수, 민경 세 사람이 받은 수학 점수의 합은 **240**점입니다. 철호, 희수, 민경이가 수학 점수를 4 : 5 : 3의 연비로 받았다면 세 사람이 받은 수학 점수는 각각 몇 점입니까?

(철호)　　　　　　　　, (희수)　　　　　　　　, (민경)

4 구슬 720개를 가, 나, 다 세 상자에 4 : 3 : 2의 연비로 나누어 담으려고 합니다. 각 상자에 몇 개씩 담으면 됩니까?

(가 상자) ____________, (나 상자) ____________, (다 상자) ____________

5 연필 10타를 연정, 규현, 현아에게 2 : 3 : 5의 연비로 나누어 주려고 합니다. 세 사람에게 연필을 각각 몇 자루씩 주면 됩니까?

(연정) ____________, (규현) ____________, (현아) ____________

6 게임기를 사기 위해 형제들이 15000원을 모으기로 하였습니다. 형과 나, 동생이 $\dfrac{5}{12} : \dfrac{1}{3} : \dfrac{1}{4}$ 의 연비로 돈을 모으기로 하였다면 세 형제는 각각 얼마씩 내야 합니까?

(형) ____________, (나) ____________, (동생) ____________

 창의력 학습

1분에 3km를 달리는 자동차와 1시간에 120km를 달리는 버스가 있습니다. 경호는 1분에 330m를 달립니다. 같은 빠르기로 30분 동안 자동차, 버스, 경호가 달리는 거리를 가장 작은 자연수의 연비로 나타내시오.

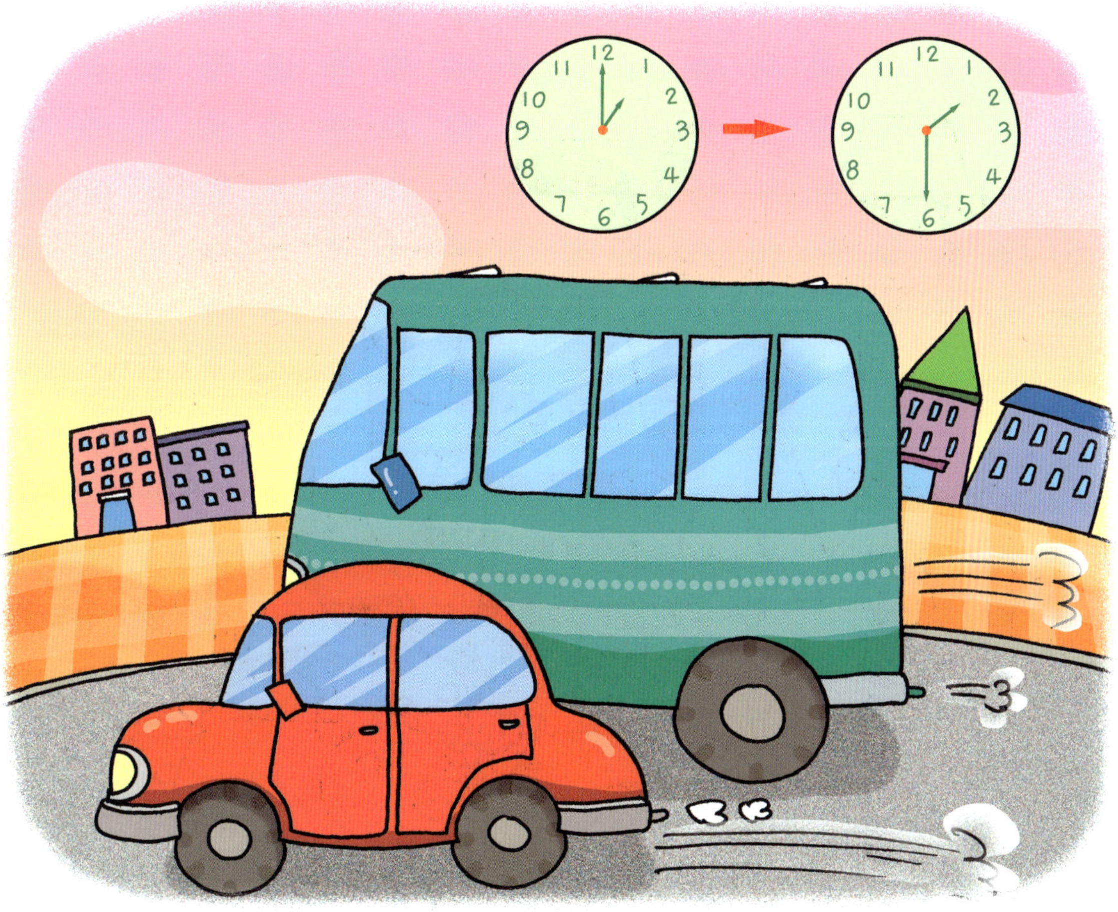

(자동차) : (버스) : (경호) = ☐ : ☐ : ☐

J-148b .

한 부자는 삼형제의 돼지 키우는 능력을 시험하기 위해 어느 날 삼형제를 불러 놓고 다음과 같이 말하였습니다. 3년 후 셋째는 160마리의 돼지를 더 키우게 되어서 삼형제의 돼지 수는 같아졌습니다. 그렇다면 삼형제가 3년 동안 늘린 돼지 수를 가장 작은 자연수의 연비로 나타내시오.

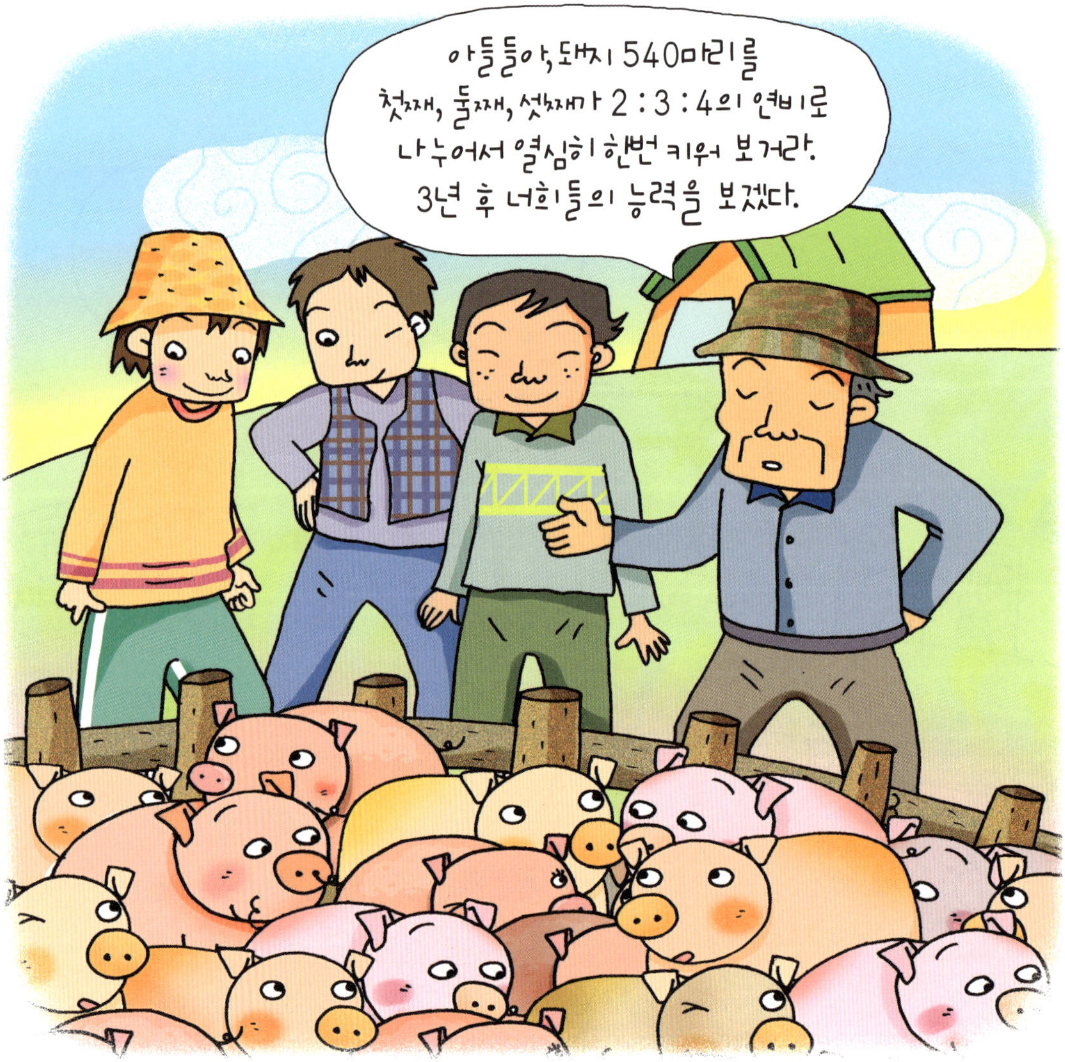

(첫째) : (둘째) : (셋째) = ☐ : ☐ : ☐

✿ 이름 :

✿ 날짜 :

✿ 시간 :　　시　　분 ~　　시　　분

확인

➕ 경시대회 예상문제

1 다음을 보고 가 : 나 : 다의 연비를 가장 작은 자연수의 연비로 나타내시오.

$$가 \times \frac{1}{5} = 나 \times \frac{1}{8} = 다 \times \frac{1}{4}$$

[답] _______________

2 다음을 보고 가 : 나 : 다의 연비를 가장 작은 자연수의 연비로 나타내시오.

$$가 = 나 \times \frac{4}{5}, \ 나 = 다 \times 0.2$$

[답] _______________

3 어떤 직사각형의 둘레의 길이는 108cm이고, 가로와 세로의 비는 7 : 2입니다. 이 직사각형의 넓이는 몇 cm²입니까?

[답] _______________

4 갑, 을, 병 세 사람이 각각 1000만 원, 2000만 원, 3000만 원씩 투자하여 모두 960만 원의 이익을 얻었습니다. 이 이익금을 세 사람이 투자한 금액의 연비로 나누어 가질 때 을이 받은 이익금은 얼마입니까?

[답]

서술형·논술형

5 세 사람이 별 모양을 555개 만들었습니다. 은지와 민아가 만든 개수의 비는 5 : 4이고, 은지와 경아가 만든 개수의 비는 3 : 2입니다. 세 사람이 만든 별 모양은 각각 몇 개인지 풀이 과정을 쓰고 답을 구하시오.

(은지)　　　　　　, (민아)　　　　　　, (경아)

6 공책 104권을 6학년 1반, 2반, 3반, 4반에게 3 : 1 : 4 : 5의 연비로 나누어 주려고 합니다. 가장 많이 받는 반과 가장 적게 받는 반의 공책 수의 차는 몇 권입니까?

[답]

7 직사각형 ㄱㄴㄷㄹ의 넓이는 288cm²입니다. 가와 나의 넓이의 차는 몇 cm²입니까?

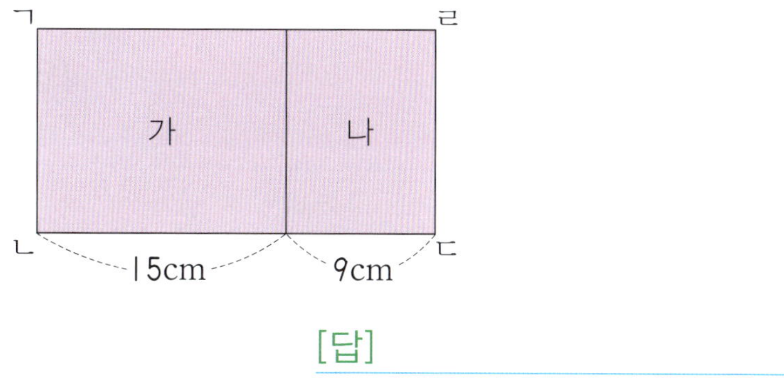

[답]

8 삼각형 ㄱㄴㄷ의 넓이는 360cm²입니다. 가, 나, 다의 넓이는 각각 몇 cm²인지 풀이 과정을 쓰고 답을 구하시오.

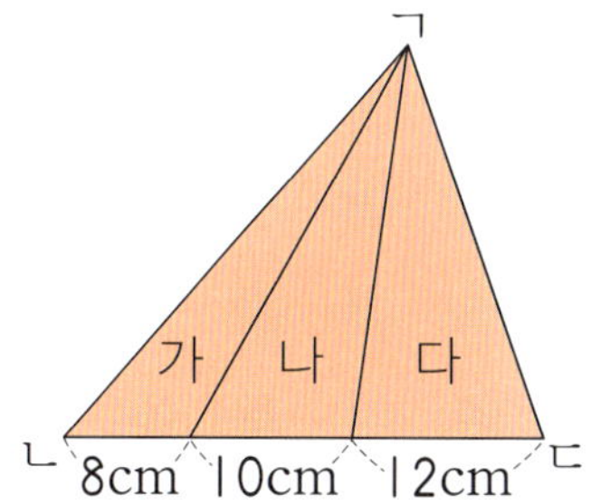

(가) ______________ , (나) ______________ , (다) ______________

9 길이가 3m인 철사를 가, 나, 다 세 도막으로 나누었습니다. 가는 나보다 10cm 더 길고 다는 나보다 19cm 더 짧다고 할 때 가 : 나 : 다를 가장 작은 자연수의 연비로 나타내시오.

[답]

10 어떤 직육면체의 가로와 세로의 비가 5 : 2이고, 세로와 높이의 비가 4 : 3이라고 합니다. 이 직육면체의 높이가 15cm라면 가로, 세로, 높이의 합은 몇 cm입니까?

[답]

11 가, 나, 다 세 바구니에 들어 있는 사탕은 모두 합하여 72개입니다. 가에서 나 바구니로 8개의 사탕을 옮겼더니 사탕 수가 3 : 4 : 5의 연비가 되었습니다. 처음 가 바구니에는 사탕이 몇 개 들어 있었습니까?

[답]

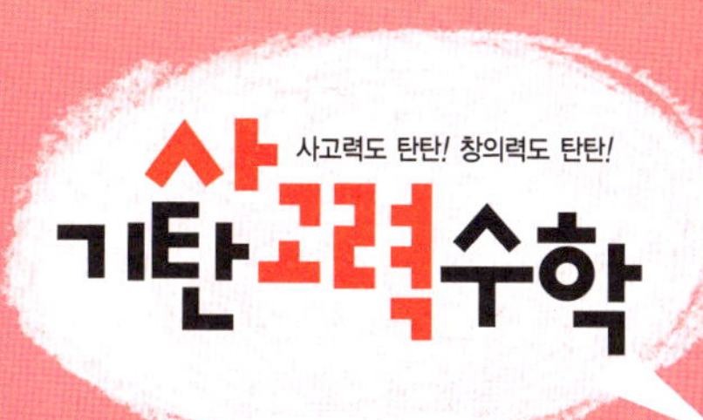

학습 관리표

학습 내용		이번 주는?
확인 학습	· 비례식 · 연비와 비례배분 · 창의력 학습 · 경시대회 예상문제	· 학습 방법 : ① 매일매일　② 가끔　③ 한꺼번에 　하였습니다. · 학습 태도 : ① 스스로 잘　② 시켜서 억지로 　하였습니다. · 학습 흥미 : ① 재미있게　② 싫증내며 　하였습니다. · 교재 내용 : ① 적합하다고　② 어렵다고　③ 쉽다고 　하였습니다.

지도 교사가 부모님께	부모님이 지도 교사께

평가	Ⓐ 아주 잘함　　Ⓑ 잘함　　Ⓒ 보통　　Ⓓ 부족함

원(교)　　　　　반　이름　　　　　전화

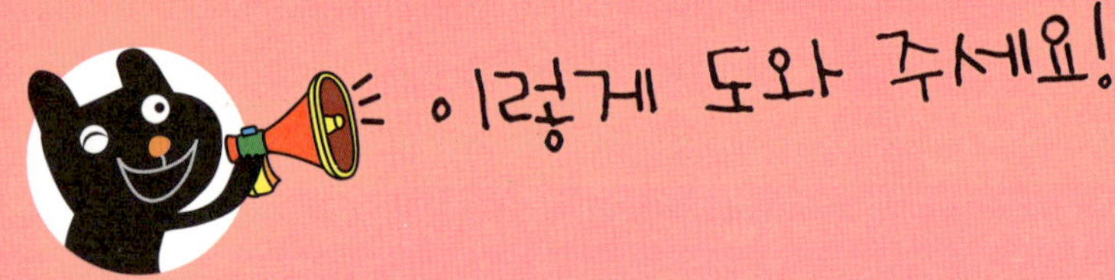

● 학습 목표
– 비례식을 이해하고, 비의 전항과 후항, 비례식의 외항과 내항을 알 수 있습니다.
– 비의 성질과 비례식의 성질을 이해하고, 이를 이용하여 실생활 문제를 해결할 수 있습니다.
– 연비를 이해하고, 두 비의 관계를 연비로 나타낼 수 있습니다.
– 연비의 성질, 비례배분을 알고, 연비로 비례배분하는 방법을 알 수 있습니다.

● 지도 내용
– 비례식을 이해하고 비의 전항, 후항, 비례식의 외항과 내항을 알아봅니다.
– 비의 성질을 이해하고 가장 작은 자연수의 비로 나타냅니다.
– 비례식의 성질을 이용하여 비례식 문제를 해결하고 실생활 문제에 활용합니다.
– 연비를 이해하고 두 비의 관계를 연비로 나타냅니다.
– 연비의 성질을 이용하여 가장 작은 자연수의 연비로 나타냅니다.
– 비례배분의 개념을 약속하고 비례배분하는 방법과 연비로 비례배분하는 방법을 이해합니다.

● 지도 요점
앞에서 학습한 비례식, 연비와 비례배분을 확인 학습하는 주입니다. 여러 유형의 문제를 접해 보게 함으로써 아이가 학습한 지식을 잘 응용할 수 있도록 지도합니다.

◆ **비례식(1)** ◆

1 □ 안에 알맞은 수나 말을 써넣으시오.

> 비 4 : 9에서 4와 9를 비의 □ 이라 하고, □ 를 전항, □ 를 후항이라고 합니다.

2 비례식에서 외항과 내항을 각각 찾아 쓰시오.

$$2 : 7 = 16 : 56$$

(외항) ___________________ , (내항) ___________________

3 비례식인 것은 어느 것입니까? (   )

① $9 - 4 = 5$ ② $2 \times \dfrac{1}{3} = \dfrac{2}{3}$ ③ $8 : 5$

④ $3 + 8 = 22 \div 2$ ⑤ $12 : 15 = 4 : 5$

4 비율이 같은 것끼리 선으로 이으시오.

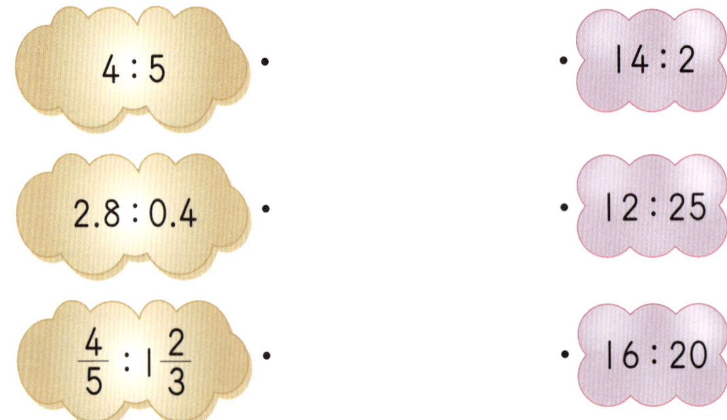

5 비의 성질을 이용하여 비례식을 만들었습니다. ☐ 안에 알맞은 수를 써넣으시오.

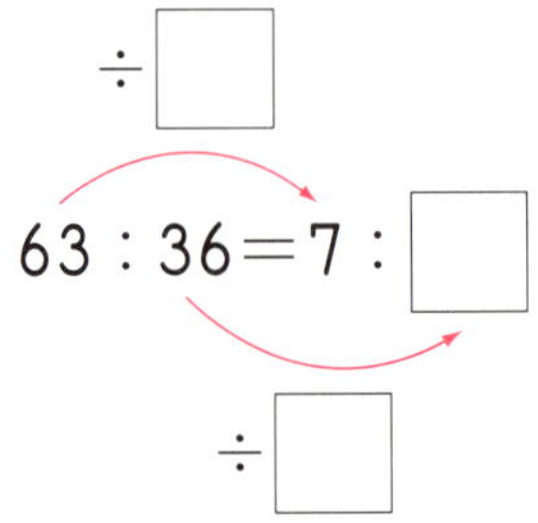

6 5 : 3과 비율이 같은 것을 찾아 비례식으로 나타내시오.

> 3 : 5   15 : 9   10 : 15   18 : 30

[답]

7 가장 작은 자연수의 비로 나타내시오.

$$3\frac{1}{4} : 2\frac{3}{5}$$

[답]

8 가장 작은 자연수의 비로 나타냈을 때 후항이 **4**인 것을 찾아 기호를 쓰시오.

㉠ $\frac{1}{6} : \frac{3}{4}$ ㉡ $9.1 : 2.8$ ㉢ $76 : 96$

[답]

9 ★ $\times 4.2 =$ ● $\times 3$일 때, ★ : ●을 가장 작은 자연수의 비로 나타내시오.

[답]

10 가로가 0.8cm, 세로가 $\frac{2}{5}$cm인 직사각형이 있습니다. 이 직사각형의 가로와 세로의 길이의 비를 가장 작은 자연수의 비로 나타내시오.

[답]

11 명호네 집에 우유가 1.8L, 주스가 $2\frac{1}{6}$L 있습니다. 명호네 집에 있는 우유와 주스의 양의 비를 가장 작은 자연수의 비로 나타내시오.

[답]

12 정사각형 가와 나의 넓이의 비를 가장 작은 자연수의 비로 나타내시오.

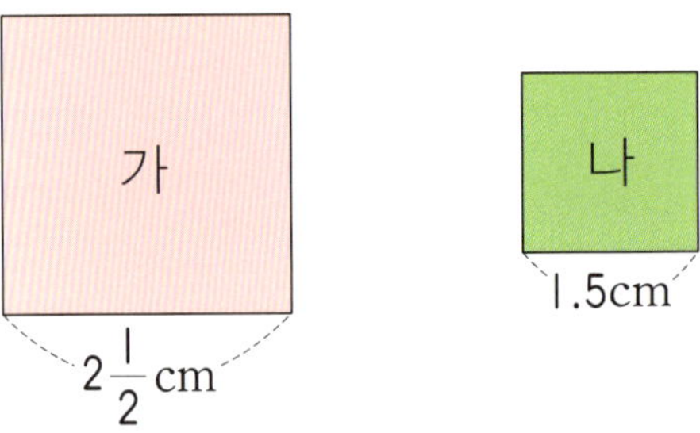

[답]

비례식의 성질을 이용하여 ☐ 안에 알맞은 수를 써넣으시오. [13~14]

13 $64 : 54 = 32 : \boxed{}$

14 $3.9 : \boxed{} = 3 : 5$

15 ☐ 안에 들어갈 수가 더 작은 비례식을 찾아 기호를 쓰시오.

> ㉠ $0.2 : 1 = \boxed{} : 15$ ㉡ $\boxed{} : 1\dfrac{5}{8} = 8 : 5$

[답]

16 비례식에서 내항의 곱이 **96**일 때, ☐ 안에 알맞은 수를 써넣으시오.

> $6 : ● = ★ : \boxed{}$

17 바닷물 6L를 증발시켜 240g의 소금을 얻었습니다. 바닷물 17L를 증발시키면 몇 g의 소금을 얻을 수 있습니까?

[답]

18 희철이는 가지고 있는 막대를 길이가 2 : 3이 되도록 두 도막으로 잘랐습니다. 자른 도막 중에서 긴 도막이 9cm였다면 짧은 도막은 몇 cm입니까?

[답]

19 효정이네 반 학생의 35%는 안경을 씁니다. 안경을 쓴 학생이 14명일 때 반 전체 학생 수는 몇 명입니까?

[답]

 확인 학습

◆ 비례식(2) ◆

1 비에서 전항과 후항을 각각 찾아 쓰시오.

$$9 : 7$$

(전항) ____________________ , (후항) ____________________

2 다음을 비례식으로 나타내시오.

외항은 2와 15이고 내항은 3과 10인 비례식입니다.

[답]

3 비례식에서 내항이면서 후항인 수를 찾아 쓰시오.

$$36 : 16 = 9 : 4$$

[답]

확인 학습

4 비율이 같은 것을 찾아 비례식으로 나타내시오.

$$3:8 \qquad 4:3 \qquad 24:9 \qquad 12:32$$

[답] ________________

5 다음 조건에 맞게 비례식을 완성하시오.

- 비례식에서 비율은 $\dfrac{3}{4}$ 입니다.
- 비례식에서 내항의 곱은 **36**입니다.

$$\boxed{} : 12 = \boxed{} : \boxed{}$$

6 가장 작은 자연수의 비로 나타내시오.

$$0.32 : 1.04$$

[답] ________________

확인 학습

7 $4 : \dfrac{8}{15}$ 을 가장 작은 자연수의 비로 나타내었을 때 전항과 후항의 차를 구하시오.

[답] ___________________

8 귤 한 상자의 무게는 $2\dfrac{9}{10}$kg, 사과 한 상자의 무게는 4.5kg입니다. 귤 한 상자와 사과 한 상자의 무게의 비를 가장 작은 자연수의 비로 나타내시오.

[답] ___________________

9 삼각형의 밑변과 높이의 길이의 비를 가장 작은 자연수의 비로 나타내시오.

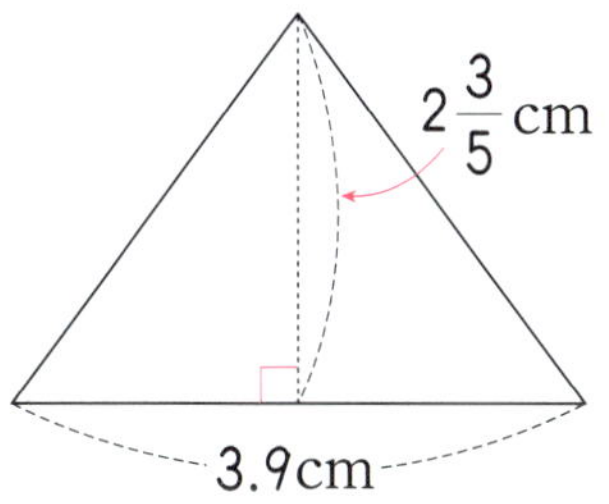

(밑변) : (높이) = ☐ : ☐

10 비례식에서 □ 안에 알맞은 소수를 구하시오.

$$2\frac{3}{4} : \square = 5 : 44$$

[답]

11 비례식에서 외항의 곱이 **56**일 때 □ 안에 알맞은 수를 써넣으시오.

$$4 : 7 = \square : \square$$

12 비례식에서 □ 안에 알맞은 수의 합을 구하시오.

$$\square : 1 = 6 : \frac{2}{3}$$

$$0.6 : 3.4 = 3 : \square$$

[답]

확인 학습

13 비례식에서 □ 안에 알맞은 수를 써넣으시오.

$$18 : (11 - \boxed{}) = 4.5 : 2$$

14 비례식에서 내항의 곱이 **98**일 때 □ 안에 알맞은 수를 구하시오.

$$14 : \bullet = \star : \boxed{}$$

[답]

15 서로 맞물려 돌아가는 두 톱니바퀴가 있습니다. ㉮의 톱니 수는 36개이고, ㉯의 톱니 수는 28개일 때 두 톱니바퀴의 회전수의 비를 가장 작은 자연수 의 비로 나타내시오.

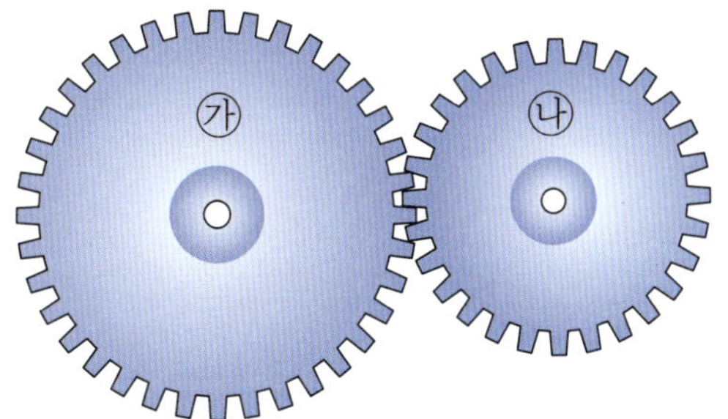

[답]

16 영주와 두현이가 가지고 있는 붙임 딱지 수의 비는 8 : 7입니다. 영주가 가지고 있는 붙임 딱지가 32장일 때 두현이가 가지고 있는 붙임 딱지는 몇 장입니까?

[답] ____________________

17 어떤 사람이 5일 동안 일을 하고 임금으로 30만 원을 받았습니다. 이 사람이 20일 동안 일을 한다면 얼마를 받겠습니까?

[답] ____________________

18 석현이는 수학 문제를 5분에 2문제씩 푼다고 합니다. 같은 빠르기로 수학 문제를 1시간 30분 동안 푼다면 몇 문제까지 풀 수 있습니까?

[답] ____________________

 확인 학습

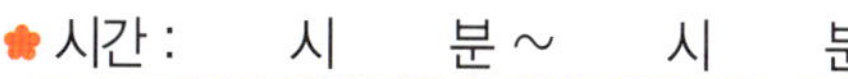

✿ 이름 :

✿ 날짜 :

✿ 시간 :　　시　　분 ~　　시　　분

◆ **연비와 비례배분(1)** ◆

1 연비가 <u>아닌</u> 것은 어느 것입니까? (　　　　)

① $3 : 4 : 5$　　　　② $\dfrac{2}{5} : \dfrac{3}{4} : 6$　　　　③ $1.6 : 0.9 : 3.2$

④ $7 : 1\dfrac{2}{3}$　　　　⑤ $2 : 1\dfrac{1}{2} : 1.4 : 5$

2 그림을 보고 연비로 나타내시오.

사과	귤	감

(사과) : (귤) : (감) = ☐ : ☐ : ☐

3 진호, 기범, 용수의 몸무게를 나타낸 것입니다. 세 사람의 몸무게를 연비로 나타내시오.

이름	진호	기범	용수
몸무게(kg)	34	45	42

(진호) : (기범) : (용수) = ☐ : ☐ : ☐

4 가 : 나＝3 : 7이고 가 : 다＝5 : 9일 때 연비 가 : 나 : 다를 구하려고 합니다. ☐ 안에 알맞은 수를 써넣으시오.

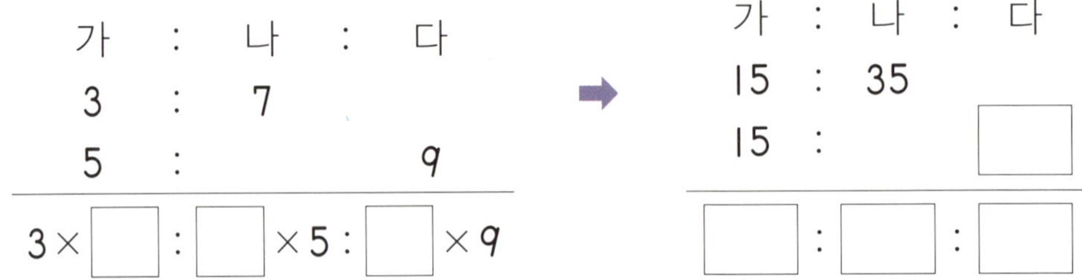

$$
\begin{array}{ccccc}
가 & : & 나 & : & 다 \\
3 & : & 7 & & \\
5 & : & & & 9 \\
\hline
3\times\Box & : & \Box\times 5 & : & \Box\times 9
\end{array}
\qquad\Rightarrow\qquad
\begin{array}{ccccc}
가 & : & 나 & : & 다 \\
15 & : & 35 & & \\
15 & : & & & \Box \\
\hline
\Box & : & \Box & : & \Box
\end{array}
$$

5 연비 가 : 나 : 다를 나타내시오.

> 가 : 나＝6 : 7, 나 : 다＝4 : 9

[답] ____________________

6 석호, 미진, 정철이가 똑같은 동화책을 읽었습니다. 동화책을 읽은 쪽수의 비는 석호와 정철이가 3 : 5이고 미진이와 정철이가 6 : 7입니다. 세 사람이 읽은 쪽수의 비를 연비로 나타내시오.

(석호) : (미진) : (정철)＝ ☐ : ☐ : ☐

확인 학습

7 가장 작은 자연수의 연비로 나타내려고 합니다. 각 항에 얼마를 곱해야 합니까?

$$\frac{5}{6} : \frac{4}{5} : \frac{1}{3}$$

[답]

8 가장 작은 자연수의 연비로 나타내려고 합니다. □ 안에 알맞은 수를 써넣으시오.

$$420 : 280 : 350 = (420 \div \boxed{}) : (280 \div \boxed{}) : (350 \div \boxed{})$$

$$= \boxed{} : \boxed{} : \boxed{}$$

9 가장 작은 자연수의 연비로 나타내시오.

$$0.8 : 2\frac{1}{3} : 1.6$$

[답]

10 연비 $\dfrac{5}{9}$: 3 : 1.2를 가장 작은 자연수의 연비 ㉠ : ㉡ : ㉢으로 나타낼 때 ㉠ ＋㉡＋㉢을 구하시오.

$$\dfrac{5}{9} : 3 : 1.2 = ㉠ : ㉡ : ㉢$$

[답]

11 가장 작은 자연수의 연비로 바르게 나타낸 것을 찾아 기호를 쓰시오.

㉠ $\dfrac{1}{2} : 1\dfrac{3}{8} : \dfrac{1}{4} = 3 : 11 : 2$

㉡ $1.6 : 3.6 : 0.4 = 4 : 8 : 1$

㉢ $2 : 0.8 : \dfrac{2}{3} = 15 : 6 : 5$

[답]

12 미술 시간에 철사를 혜정이는 21cm, 동규는 16.5cm, 효진이는 18cm를 사용하였습니다. 세 사람이 사용한 철사의 길이의 비를 가장 작은 자연수의 연비로 나타내시오.

(혜정) : (동규) : (효진) = ☐ : ☐ : ☐

확인 학습

확인 학습

13 165를 주어진 비로 비례배분하시오.

$$가 : 나 = 5 : 6$$

(가) ________________ , (나) ________________

14 5600원을 형과 동생에게 9 : 5로 나누어 주려고 합니다. 형과 동생에게 각각 얼마씩 나누어 주면 됩니까?

(형) ________________ , (동생) ________________

15 가로와 세로의 비가 5 : 2이며 둘레의 길이가 84cm인 직사각형을 만들려고 합니다. 가로와 세로는 각각 몇 cm로 만들어야 합니까?

(가로) ________________ , (세로) ________________

확인 학습

16 공 120개를 각 모둠 학생 수에 따라 나누어 주려고 합니다. 가 모둠은 3명, 나 모둠은 4명, 다 모둠은 5명입니다. 공을 각 모둠에 몇 개씩 나누어 주면 됩니까?

(가 모둠)   , (나 모둠)   , (다 모둠)

17 6학년 세 반이 빈병을 224개 모았습니다. 1반, 2반, 3반이 빈병을 $7 : 5 : 4$ 의 연비로 모았다면 각 반이 모은 빈병은 몇 개씩입니까?

(1반)   , (2반)   , (3반)

18 어버이날 부모님 선물을 사려고 자매들이 18000원을 모으기로 하였습니다. 언니와 나, 동생이 $\dfrac{1}{3} : \dfrac{2}{5} : \dfrac{4}{15}$ 의 연비로 돈을 모으기로 하였다면 세 자매는 각각 얼마씩 내야 합니까?

(언니)   , (나)   , (동생)

◆ **연비와 비례배분(2)** ◆

1 직육면체의 밑면의 가로, 밑면의 세로, 높이를 연비로 나타내시오.

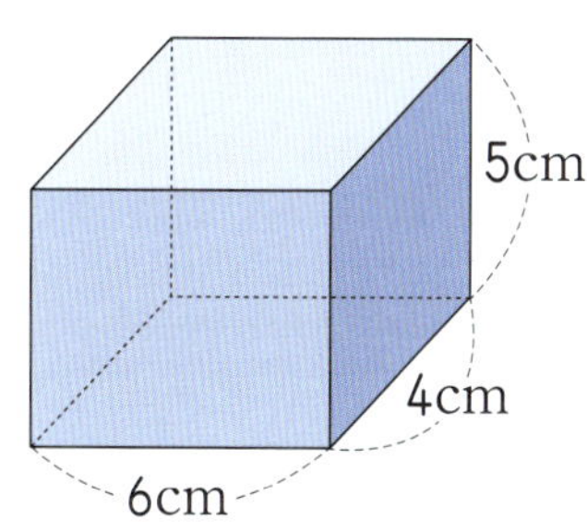

(밑면의 가로) : (밑면의 세로) : (높이) = ☐ : ☐ : ☐

2 방학 동안 만화책을 민규는 8권, 희영이는 7권, 정호는 9권을 읽었습니다. 세 사람이 읽은 만화책의 수를 연비로 나타내시오.

(민규) : (희영) : (정호) = ☐ : ☐ : ☐

3 가 : 나=5 : 6이고 나 : 다=4 : 7입니다. 세 수 가, 나, 다를 연비로 나타내려고 합니다. ☐ 안에 알맞은 수를 써넣으시오.

가 : 나 = 5 : 6 = 10 : ☐

나 : 다 = 4 : 7 = 8 : ☐ = 12 : ☐

➡ 가 : 나 : 다 = ☐ : ☐ : ☐

4 가 : 다＝6 : 5이고, 나 : 다＝7 : 3일 때 연비 가 : 나 : 다를 나타내시오.

[답]

5 세 수 가, 나, 다를 가장 작은 자연수의 연비로 나타내시오.

$$가 : 나 = \frac{4}{5} : \frac{1}{3}, \quad 가 : 다 = 0.5 : 0.2$$

[답]

6 턱걸이 한 횟수의 비는 진주와 현규는 4 : 9이고, 현규와 만호는 2 : 3입니다. 세 사람의 턱걸이 한 횟수를 연비로 나타내시오.

(진주) : (현규) : (만호)＝ ☐ : ☐ : ☐

7 가 : 나=8 : 9이고 나 : 다=□ : 3일 때, 가 : 나 : 다=32 : 36 : 27입니다. □ 안에 알맞은 수를 구하시오.

[답] ________________

8 다음을 보고 연비 가 : 나 : 다를 가장 작은 자연수의 연비로 나타내시오.

가×3=나×4, 가×5=다×7

[답] ________________

가장 작은 자연수의 연비로 나타내시오. [9~10]

9 80 : 64 : 96

10 $2\frac{3}{8}$: 1.5 : 3

11 가장 작은 자연수의 연비로 나타냈을 때 2 : 5 : 3인 연비를 모두 찾아 기호를 쓰시오.

> ㉠ 26 : 65 : 52 ㉡ 2.5 : 6.25 : 3.75
>
> ㉢ $\dfrac{1}{2}$: $1\dfrac{1}{4}$: 7.5 ㉣ $1\dfrac{1}{4}$: $3\dfrac{1}{8}$: 1.875

[답] ________________________

12 피자를 준희, 병진, 동영이가 나누어 먹었습니다. 준희는 전체의 $\dfrac{1}{5}$, 병진이는 전체의 $\dfrac{1}{4}$, 동영이는 전체의 $\dfrac{1}{2}$ 을 먹었습니다. 세 사람이 나누어 먹은 피자의 양을 가장 작은 자연수의 연비로 나타내시오.

(준희) : (병진) : (동영)= ☐ : ☐ : ☐

13 종이학을 유리는 360개, 성호는 200개, 수지는 280개 만들었습니다. 세 사람이 만든 종이학의 수를 가장 작은 자연수의 연비로 나타내시오.

(유리) : (성호) : (수지)= ☐ : ☐ : ☐

확인 학습

14 초콜릿 16개를 태영이와 연호에게 5 : 3으로 나누어 주려고 합니다. 태영이와 연호에게 각각 몇 개씩 나누어 주어야 합니까?

(태영) _______________________ , (연호) _______________________

15 구슬 45개를 각 모둠 학생 수에 따라 나누어 주려고 합니다. 진희네 모둠은 4명, 정수네 모둠은 5명입니다. 진희네 모둠과 정수네 모둠에 각각 몇 개씩 나누어 주어야 합니까?

(진희네 모둠) _______________________ , (정수네 모둠) _______________________

16 5000원 중에서 2000원은 내가 가지고, 나머지는 형과 동생에게 3 : 2의 비로 나누어 주려고 합니다. 동생에게 얼마를 주면 됩니까?

[답] _______________________

17 324를 연비 가 : 나 : 다로 비례배분하시오.

> 가 : 나 : 다＝5 : 3 : 4

(가) ______________ , (나) ______________ , (다) ______________

18 방울토마토 72개를 빨간색, 파란색, 노란색 그릇에 4 : 2 : 3의 연비로 나누어 담으려고 합니다. 노란색 그릇에 몇 개를 담으면 됩니까?

[답] ______________

19 연필 7타를 지수, 소정, 민아에게 5 : 3 : 6의 연비로 나누어 주려고 합니다. 세 사람에게 연필을 각각 몇 자루씩 주면 됩니까?

(지수) ______________ , (소정) ______________ , (민아) ______________

 확인 학습

🌐 창의력 학습

지효는 동생과 같이 먹으려고 녹차 호떡과 찹쌀 호떡을 만들었습니다. 그림과 같이 두 호떡을 겹치게 접시에 놓았습니다. 겹쳐진 부분의 넓이는 녹차 호떡의 $\frac{3}{5}$ 이고, 찹쌀 호떡의 $\frac{5}{6}$ 입니다. 녹차 호떡과 찹쌀 호떡의 넓이의 비를 가장 작은 자연수의 비로 나타내시오.

[답]

형, 나, 동생 삼형제가 매달 6 : 5 : 3의 연비로 저금을 하였습니다. 2년 동안 저금하고 형이 받은 이자가 48000원이었습니다. 나와 동생이 받은 이자는 각각 얼마입니까?

(나) ________________________, (동생) ________________________

 경시대회 예상문제

1 ㉮를 2.2배 한 수는 ㉯를 $2\frac{4}{7}$배 한 수와 같습니다. ㉮와 ㉯의 비를 가장 작은 자연수의 비로 나타내시오.

[답]

2 직사각형의 가로와 세로의 비가 $5\frac{5}{8}$: 3인 직사각형이 있습니다. 이 직사각형의 가로가 60cm일 때 직사각형의 넓이는 몇 cm^2입니까?

[답]

서술형·논술형

3 서로 맞물려 돌아가는 두 톱니바퀴 ㉮와 ㉯가 있습니다. ㉮의 톱니 수는 36개, ㉯의 톱니 수는 24개입니다. ㉯가 30바퀴를 도는 동안 ㉮는 몇 바퀴를 돌게 되는지 풀이 과정을 쓰고 답을 구하시오.

[답]

4 직선 가와 나가 평행할 때 삼각형과 사다리꼴의 넓이의 비를 가장 작은 자연수의 비로 나타내시오.

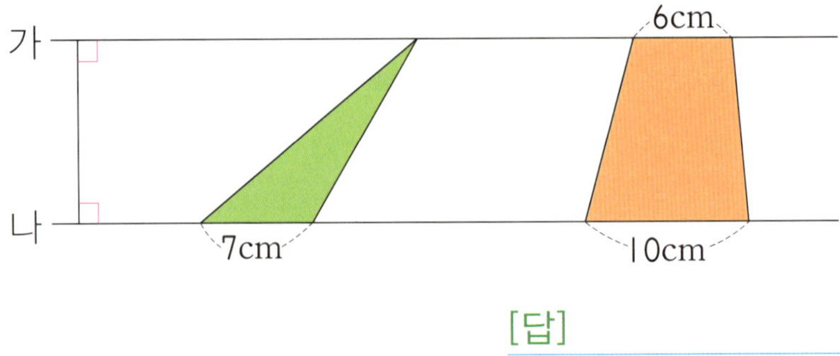

[답]

5 서점에서 책을 사는데 준우는 가진 돈의 $\frac{2}{3}$ 를 쓰고, 정현이는 가진 돈의 $\frac{1}{5}$ 을 썼더니 준우와 정현이의 남은 돈의 비가 2 : 3이 되었습니다. 준우와 정현이가 책을 사기 전에 가진 돈의 비를 구하시오.

[답]

6 하루에 6분씩 빨리 가는 시계가 있습니다. 오늘 오전 9시에 시계를 정확히 맞추어 놓았습니다. 다음날 오후 9시에 이 시계가 가리키는 시각은 몇 시 몇 분입니까?

[답]

7 가 $\times \dfrac{3}{4}$ = 다 $\times \dfrac{1}{3}$, 나 $\times 0.9$ = 다 $\times \dfrac{3}{5}$ 일 때 가 : 나 : 다의 연비를 가장 작은 자연수의 연비로 나타내시오.

[답]

8 세 사람이 꽃 모양을 164개 만들었습니다. 소연이와 지윤이가 만든 개수의 비는 3 : 4이고, 지윤이와 정화가 만든 개수의 비는 3 : 5입니다. 세 사람이 만든 꽃 모양은 각각 몇 개인지 풀이 과정을 쓰고 답을 구하시오.

(소연)   , (지윤)   , (정화)

9 문구점에서 연필과 볼펜이 6 : 7의 비로 팔렸다고 합니다. 연필이 78자루 팔렸다면 팔린 연필과 볼펜은 모두 몇 자루입니까?

[답]

10 귤 84개를 홍철, 민아, 재석, 지아에게 2 : 4 : 3 : 5의 연비로 나누어 주려고 합니다. 가장 많이 받는 사람과 가장 적게 받는 사람의 귤의 수의 차는 몇 개입니까?

[답]

11 어떤 직육면체의 가로와 세로의 비가 6 : 5이고, 가로와 높이의 비가 4 : 7이라고 합니다. 이 직육면체의 세로가 20cm라면 이 직육면체의 부피는 몇 cm^3입니까?

[답]

12 가 회사에서 4억 원을 투자하고 나 회사에서 3억 원을 투자하여 많은 이익을 얻었습니다. 두 회사가 투자한 비에 따라 이익금을 배분하였습니다. 가 회사가 이익금으로 6800만 원을 받았다고 하면 나 회사에서 받은 이익금은 얼마입니까?

[답]

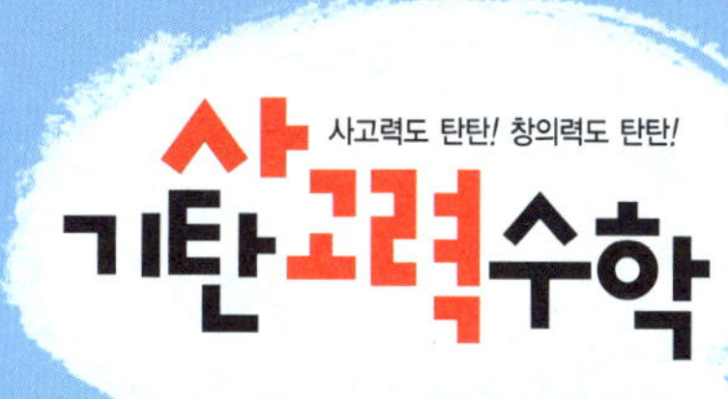

학습 관리표

학습 내용		이번 주는?
확인 학습	· 분수의 나눗셈 · 소수의 나눗셈 · 각기둥과 각뿔 · 여러 가지 입체도형 · 원주율과 원의 넓이 · 비율그래프 · 비례식 · 연비와 비례배분 · 창의력 학습 · 경시대회 예상문제 · 종료 테스트	• 학습 방법 : ① 매일매일 ② 가끔 ③ 한꺼번에 　하였습니다. • 학습 태도 : ① 스스로 잘 ② 시켜서 억지로 　하였습니다. • 학습 흥미 : ① 재미있게 ② 싫증내며 　하였습니다. • 교재 내용 : ① 적합하다고 ② 어렵다고 ③ 쉽다고 　하였습니다.
지도 교사가 부모님께		부모님이 지도 교사께
평가	Ⓐ 아주 잘함　　Ⓑ 잘함　　Ⓒ 보통　　Ⓓ 부족함	

원(교)　　　　반　　이름　　　　　　전화

기탄교육

기초부터 탄탄하게

www.gitan.co.kr / (02)586-1007(대)

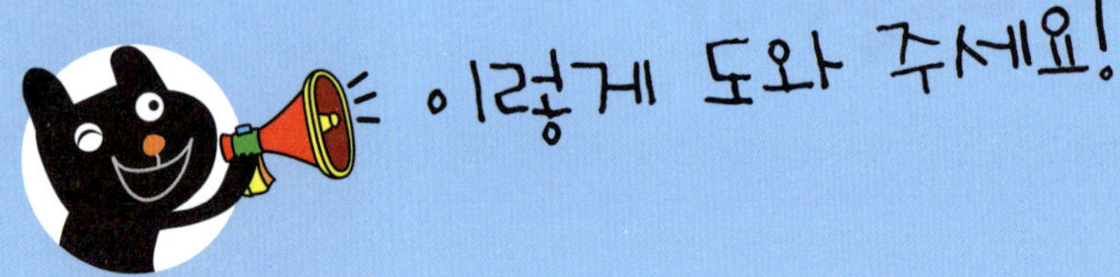

● 학습 목표
- 분수의 나눗셈의 계산 원리와 형식을 알고 계산할 수 있습니다.
- 소수의 나눗셈에서 나누는 수를 자연수로 바꾸어 계산하는 원리를 이해하고 계산할 수 있습니다.
- 각기둥과 각뿔의 개념, 여러 가지 구성 요소와 성질, 전개도를 이해합니다.
- 쌓기나무를 쌓은 모양을 보고 개수를 구하며 각 방향에서 본 모양을 추측합니다.
- 원주율에 대한 이해를 바탕으로 원주와 원의 넓이를 구합니다.
- 띠그래프나 원그래프를 그리고 통계적 사실과 정보를 읽고 해석합니다.
- 비례식, 비의 성질, 비례식의 성질을 이해하고 비례식을 이용하여 실생활의 문제를 해결합니다.
- 연비의 뜻, 성질을 알고 비례배분을 이해하며 연비로 비례배분하는 방법을 알아봅니다.

● 지도 내용
- (자연수)÷(단위분수), 분모가 같거나 다른 진분수끼리의 나눗셈, (자연수)÷(진분수), 대분수의 나눗셈을 확인합니다.
- (소수)÷(소수)에서 나누는 수를 자연수로 바꾸어 계산하고 몫을 반올림하여 나타내기를 확인합니다.
- 각기둥과 각뿔의 구성 요소를 알고, 전개도를 여러 가지 방법으로 그릴 수 있는지 확인합니다.
- 쌓기나무로 쌓은 모양과 관련된 공간적인 문제를 해결합니다.
- 원주와 원주율의 이해, 원주와 원의 넓이를 구하고 활용 문제를 해결합니다.
- 띠그래프와 원그래프를 보고 전체와 부분에 대한 통계적 사실을 알고 주어진 정보를 읽습니다.
- 비례식, 비의 성질을 이해하고 가장 작은 자연수로 나타내기, 비례식의 성질을 이해하고 비례식을 이용하여 실생활의 문제를 해결합니다.
- 연비로 나타내기, 두 비의 관계를 가장 작은 자연수의 연비로 나타내기, 연비의 성질을 알고 비례배분 하는 방법을 이해하고 확인합니다.

● 지도 요점
앞에서 학습한 분수의 나눗셈, 소수의 나눗셈, 각기둥과 각뿔, 여러 가지 입체도형, 원주율과 원의 넓이, 비율그래프, 비례식, 연비와 비례배분을 총정리하는 주입니다. 여러 유형의 문제를 접해 보게 함으로써 아이가 학습한 지식을 응용할 수 있도록 지도해 주십시오. 그리고 종료 테스트를 이용하여 주어진 시간 내에 모든 문제를 푸는 연습을 하도록 해 주십시오.

◆ 분수의 나눗셈 ◆

1 나눗셈의 몫이 가장 큰 것을 찾아 기호를 쓰시오.

$$ ㉠\ 5 \div \frac{1}{2} \qquad ㉡\ 7 \div \frac{1}{6} \qquad ㉢\ 9 \div \frac{1}{3} \qquad ㉣\ 8 \div \frac{1}{5} $$

[답] ____________

2 빈칸에 알맞은 수를 써넣으시오.

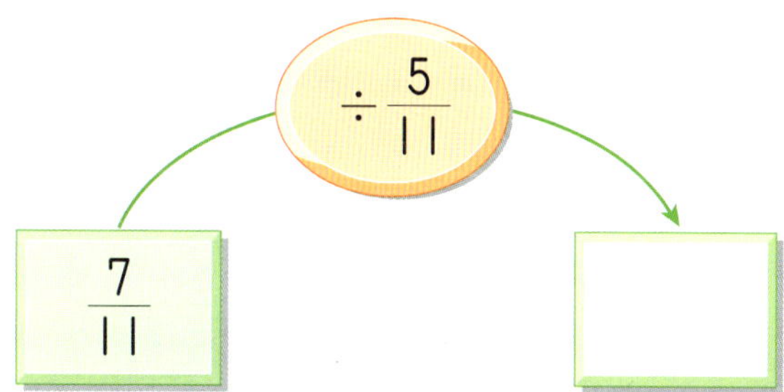

3 ☐ 안에 알맞은 수를 써넣으시오.

$$ \frac{5}{6} \div \frac{3}{8} = \frac{\square}{24} \div \frac{\square}{24} = \square \div \square = \frac{\square}{\square} = \square\frac{\square}{\square} $$

4 빈칸에 알맞은 수를 써넣으시오.

$$\div \rightarrow$$

$$\div \downarrow$$

$\dfrac{5}{6}$	$\dfrac{3}{4}$	
$\dfrac{8}{9}$	$\dfrac{7}{12}$	

나눗셈을 하시오. [5〜6]

5 $10 \div \dfrac{4}{7}$

6 $2\dfrac{2}{5} \div 1\dfrac{5}{7}$

7 나눗셈을 계산하여 ◯ 안에 >, =, <를 알맞게 써넣으시오.

$$1\dfrac{4}{7} \div 3\dfrac{1}{3} \quad \bigcirc \quad \dfrac{5}{6} \div 1\dfrac{1}{4}$$

8 빈칸에 알맞은 수를 써넣으시오.

$2\dfrac{3}{4}$	$\div\dfrac{5}{8}$		$\div 2\dfrac{2}{11}$	

9 가장 큰 분수를 가장 작은 분수로 나눈 몫을 구하시오.

$$1\dfrac{1}{2} \qquad 3\dfrac{3}{7} \qquad 2\dfrac{2}{9} \qquad 1\dfrac{1}{8}$$

[답]

10 넓이가 $\dfrac{2}{9}$ m^{2}인 삼각형이 있습니다. 밑변이 $\dfrac{4}{5}$ m라면 높이는 몇 m입니까?

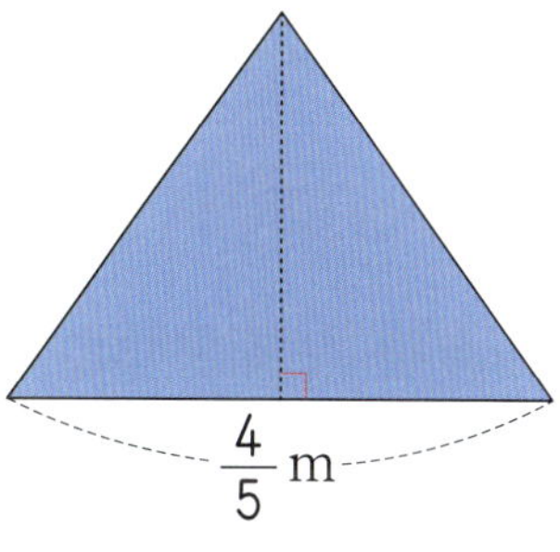

[답]

11 집에서 학교까지는 $\dfrac{3}{4}$km이고 집에서 병원까지는 2km입니다. 집에서 병원까지의 거리는 집에서 학교까지 거리의 몇 배입니까?

[답]

12 $4\dfrac{1}{5}$kg의 감자를 $\dfrac{3}{10}$kg씩 봉지에 나누어 담으려고 합니다. 봉지는 몇 개 필요합니까?

[답]

13 어떤 수를 $1\dfrac{5}{7}$로 나누어야 할 것을 잘못하여 곱했더니 $\dfrac{9}{10}$가 되었습니다. 바르게 계산하면 얼마입니까?

[답]

확인 학습

◆ **소수의 나눗셈** ◆

소수의 나눗셈을 하시오. [1~2]

1 $31.2 \div 1.2$

2 $14.72 \div 0.64$

3 □ 안에 알맞은 수를 써넣으시오.

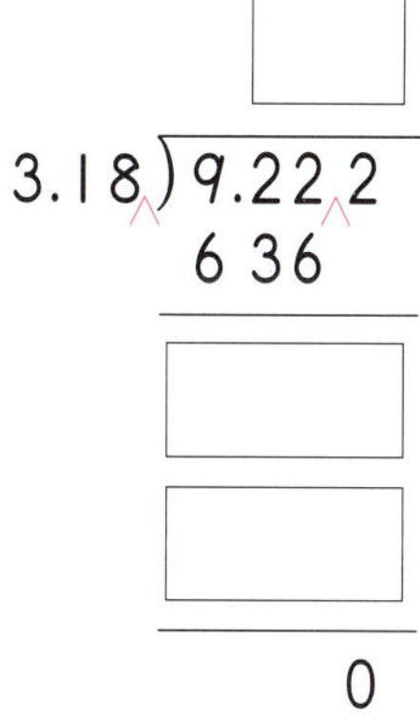

4 큰 수를 작은 수로 나누어 몫을 구하시오.

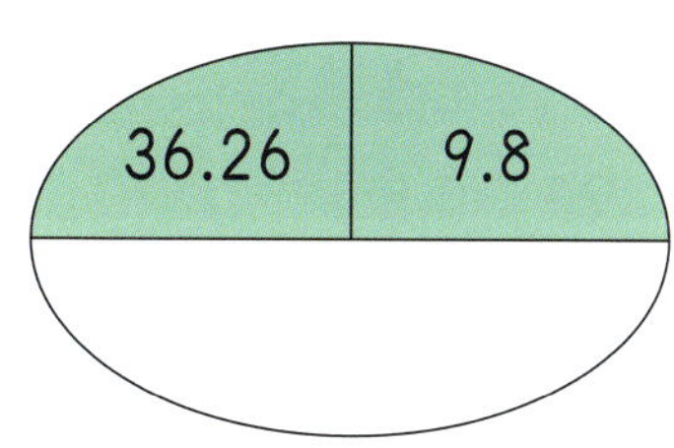

5 나눗셈을 계산하여 ◯ 안에 >, =, <를 알맞게 써넣으시오.

$$18.72 \div 3.9 \ \bigcirc \ 12.972 \div 2.76$$

6 빈칸에 알맞은 수를 써넣으시오.

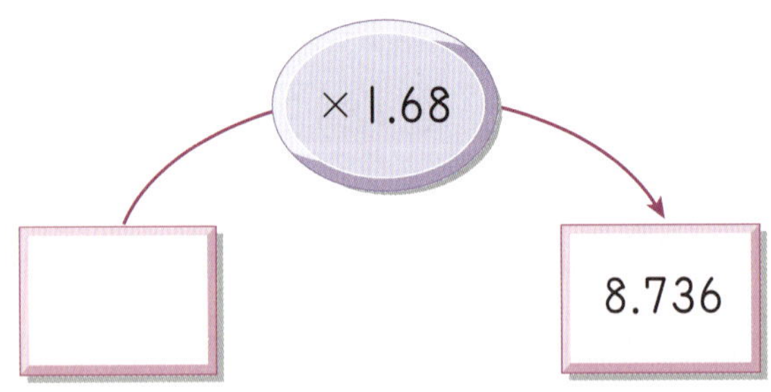

7 나눗셈의 몫이 큰 것부터 차례로 기호를 쓰시오.

ㄱ 36 ÷ 4.5 ㄴ 15 ÷ 1.25
ㄷ 20 ÷ 0.8 ㄹ 13 ÷ 3.25

[답]

확인 학습

8 나눗셈의 몫을 자연수 부분까지 구하고 나머지를 알아본 후 검산하시오.

$$4.3 \overline{)67.2}$$

(검산)

9 나눗셈의 몫을 자연수 부분까지 구하고 나머지를 알아보시오.

$$358 \div 0.7 = \boxed{} \cdots \boxed{}$$

$$35.8 \div 0.7 = \boxed{} \cdots \boxed{}$$

$$3.58 \div 0.7 = \boxed{} \cdots \boxed{}$$

10 몫을 반올림하여 소수 첫째 자리까지 나타내시오.

$$2.056 \div 0.94$$

[답]

11 들이가 16.45L인 욕조에 물을 가득 채우려고 합니다. 수도꼭지에서 물이 1분에 3.29L씩 나온다면 욕조에 물이 가득 찰 때까지 걸리는 시간은 몇 분입니까?

[답]

12 상자 하나를 묶는 데 끈이 1.4m 사용된다면 90.5m의 끈으로는 상자를 몇 개까지 묶을 수 있고 남는 끈은 몇 m입니까?

[답]

13 철사 3m 12cm의 무게가 139.89g이라고 합니다. 철사 1m의 무게는 약 몇 g인지 반올림하여 소수 둘째 자리까지 나타내시오.

[답]

확인 학습

◆ 각기둥과 각뿔 ◆

입체도형을 보고 물음에 답하시오. [1~2]

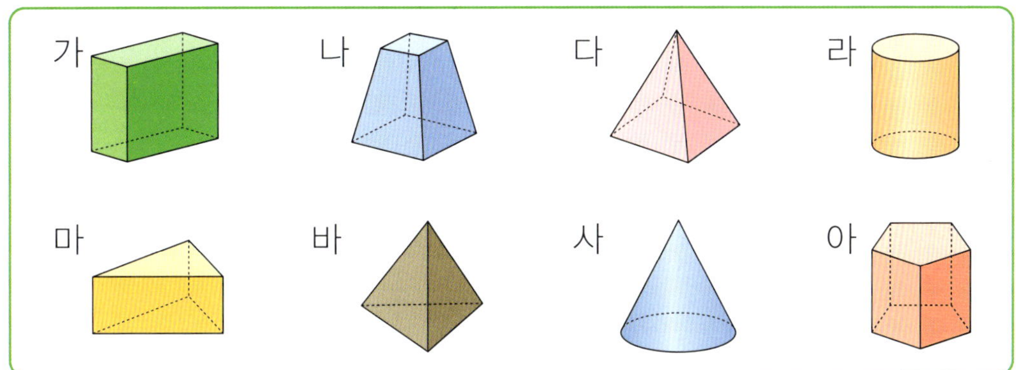

1 각기둥을 모두 찾아 쓰시오.

[답]

2 각뿔을 모두 찾아 쓰시오.

[답]

3 오른쪽 각기둥을 보고 밑면과 옆면을 각각 찾아 쓰시오.

(밑면)

(옆면)

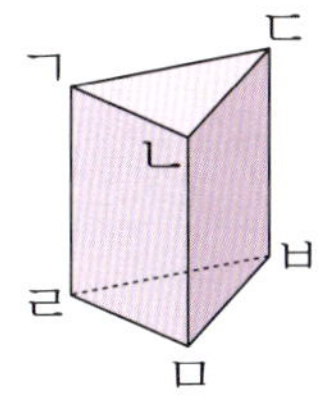

확인 학습

4 오른쪽 각기둥의 이름을 쓰시오.

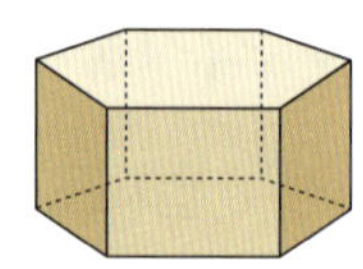

[답] ______________________

5 오각뿔의 밑면과 옆면의 모양을 각각 쓰시오.

(밑면) ____________________ , (옆면) ____________________

6 빈칸에 알맞은 수를 써넣으시오.

도형	한 밑면의 변의 수(개)	면의 수(개)	모서리의 수(개)	꼭짓점의 수(개)
사각기둥				
육각뿔				

7 오른쪽 그림은 어떤 입체도형의 전개도입니까?

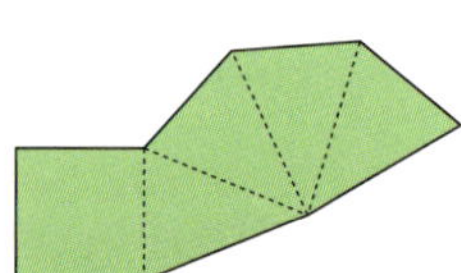

[답] ______________________

확인 학습

◆ **여러 가지 입체도형** ◆

1 오른쪽 모양을 만들기 위해서는 쌓기나무가 몇 개 필요합니까?

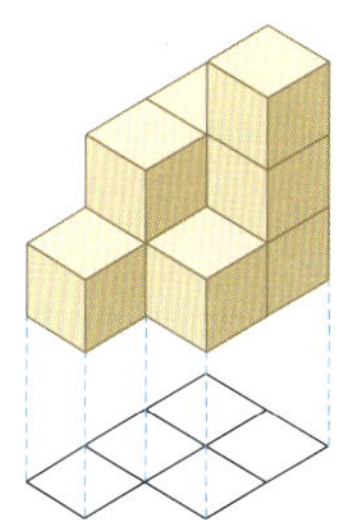

[답]

2 가와 나 중에서 어느 것이 쌓기나무를 몇 개 더 많이 사용하였습니까?

가　　　　　　　　　　　나

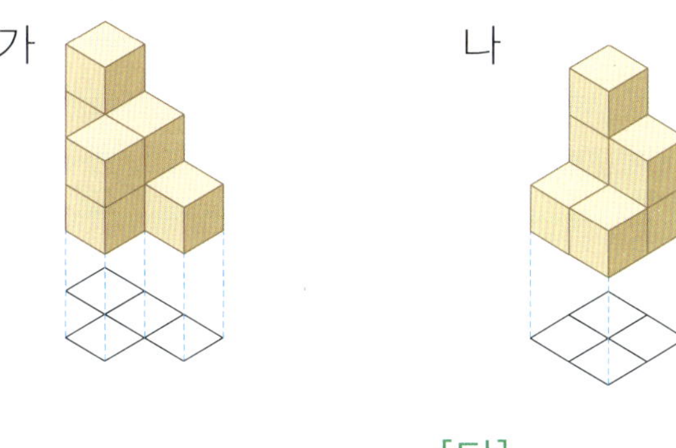

[답]

3 네 번째에 올 모양을 만들기 위해서는 쌓기나무가 몇 개 필요합니까?

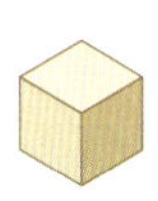　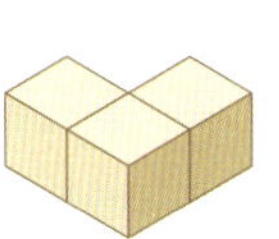　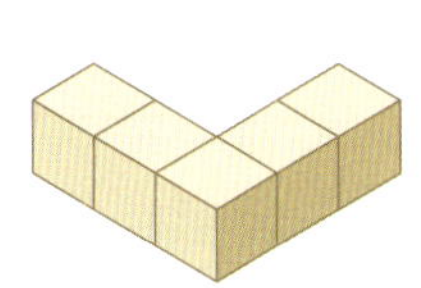　

?

[답]

4 쌓기나무 **8**개로 쌓은 모양을 보고 위, 앞, 옆에서 본 모양을 각각 그려 보시오.

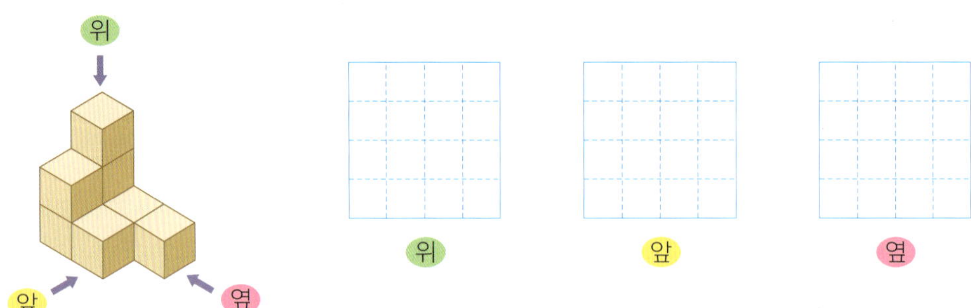

5 왼쪽 그림에서 □ 안의 숫자는 그 곳에 쌓아 올릴 쌓기나무의 개수입니다. 완성된 모양의 앞과 옆에서 본 모양을 각각 그려 보시오.

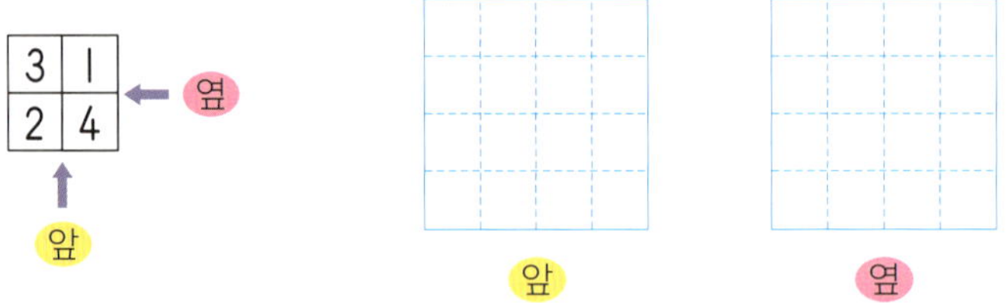

6 입체도형을 위, 앞, 옆에서 본 모양을 각각 그려 보시오.

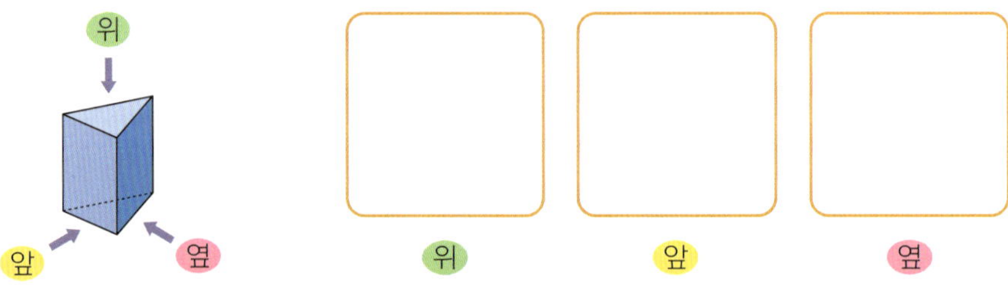

✿ 이름 :
✿ 날짜 :
✿ 시간 :　　시　　분 ～　　시　　분

확인

◆ **원주율과 원의 넓이** ◆

1 원주를 구하시오.

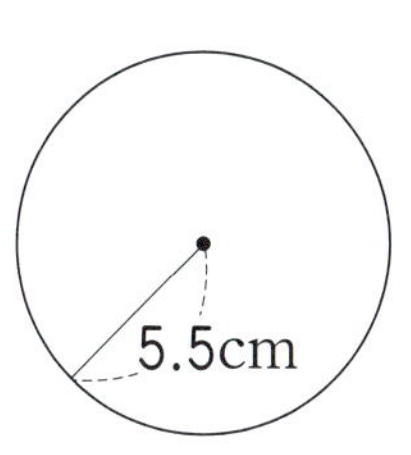

[답]

2 원의 넓이를 구하시오.

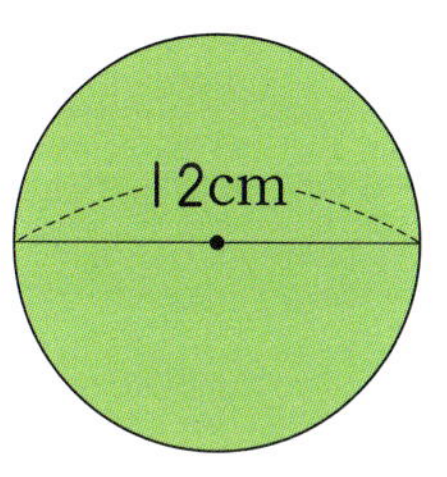

[답]

3 반지름이 0.3m인 굴렁쇠를 직선으로 5바퀴를 굴렸습니다. 굴렁쇠가 움직인 거리는 몇 cm입니까?

[답]

확인 학습

4 도형에서 색칠한 부분의 넓이를 구하시오.

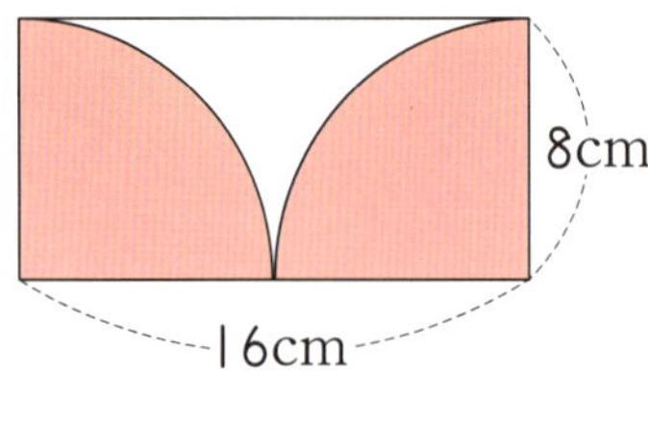

[답] ________________________

5 넓이가 넓은 원부터 차례로 기호를 쓰시오.

> ㉠ 반지름이 **7cm**인 원 ㉡ 지름이 **18cm**인 원
> ㉢ 넓이가 **200.96cm²**인 원 ㉣ 원주가 **47.1cm**인 원

[답] ________________________

6 다음 도형의 색칠한 반원의 지름은 큰 원의 반지름의 $\frac{1}{2}$입니다. 색칠한 부분의 둘레와 넓이를 구하시오.

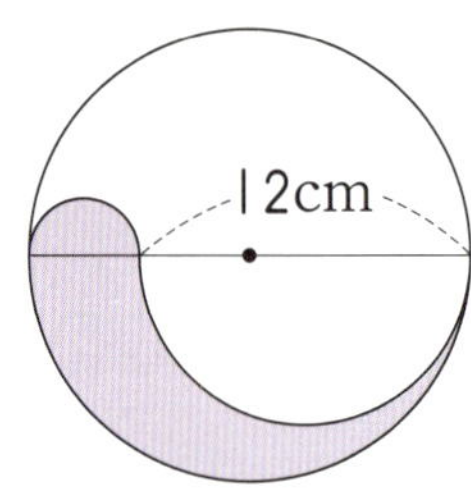

(둘레) ________________________ , (넓이) ________________________

확인 학습

◆ **비율그래프** ◆

🐸 다음 자료를 보고 물음에 답하시오. [1~3]

> 정화네 반 학생들의 취미를 조사하였더니 운동은 8명, 독서는 4명, 컴퓨터는 12명, 음악 감상은 10명, 기타는 6명이었습니다.

1 자료를 보고 표를 완성하시오.

〈학생들의 취미〉

취미	운동	독서	컴퓨터	음악 감상	기타	계
학생 수(명)						
백분율(%)						

2 표를 보고 띠그래프로 나타내시오.

〈학생들의 취미〉

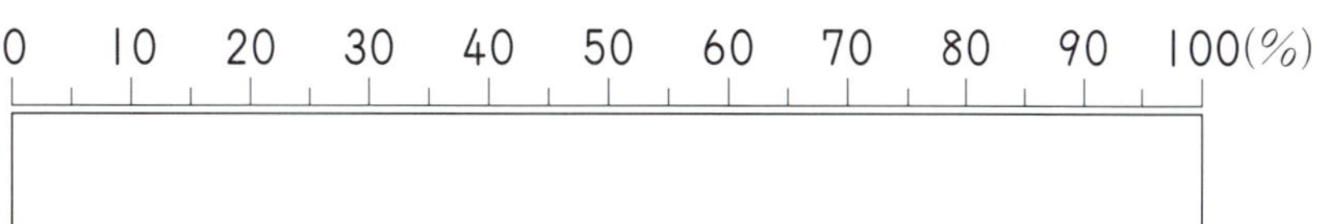

3 취미가 음악 감상인 학생 수는 운동인 학생 수의 몇 배입니까?

[답]

🐸 명성이네 학교 6학년 학생들이 좋아하는 과목을 조사하여 나타낸 원그래프입니다.
물음에 답하시오. [4~6]

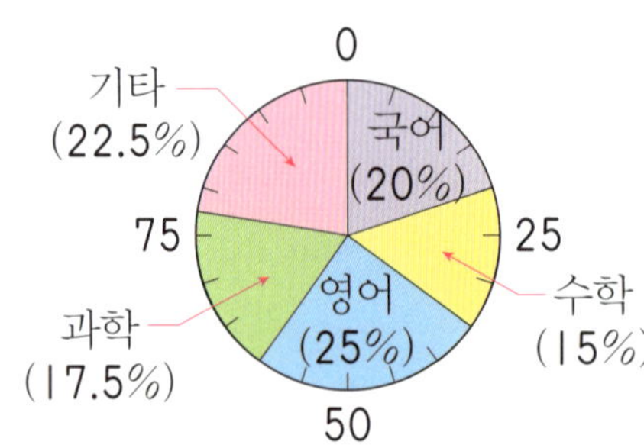

4 가장 많은 학생들이 좋아하는 과목은 무엇입니까?

[답]

5 국어를 좋아하는 학생의 비율은 수학을 좋아하는 학생의 비율보다 몇 % 더
많습니까?

[답]

6 명성이네 학교 6학년 학생이 240명일 때 좋아하는 과목별 학생 수와 백분율
을 구하시오.

〈좋아하는 과목〉

과목	국어	수학	영어	과학	기타	계
학생 수(명)						240
백분율(%)						100

확인 학습

◆ **비례식** ◆

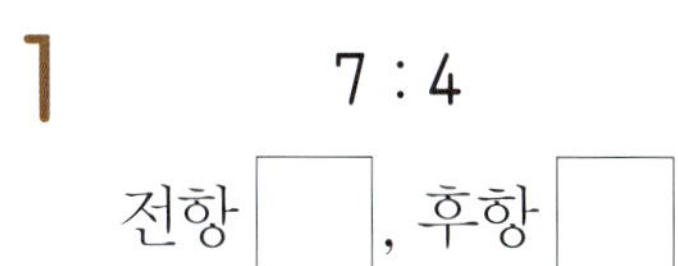
□ 안에 알맞은 수를 써넣으시오. [1~2]

1　　　　7 : 4

전항 □ , 후항 □

2　외항 3, □

$$3 : 5 = 9 : 15$$

내항 5, □

3 내항이 8과 15이고, 외항이 3과 40인 비례식을 쓰시오.

[답] __________________________

4 비율이 다른 하나를 찾아 기호를 쓰시오.

> ㉠ 6 : 5　　　　　㉡ 18 : 15
>
> ㉢ 1.5 : 1.25　　　㉣ $\dfrac{3}{5} : \dfrac{5}{8}$

[답] __________________________

5 가장 작은 자연수의 비로 나타내시오.

$$15 : 3\frac{3}{4}$$

[답]

6 삼각형과 정사각형의 넓이의 비를 가장 작은 자연수의 비로 나타내시오.

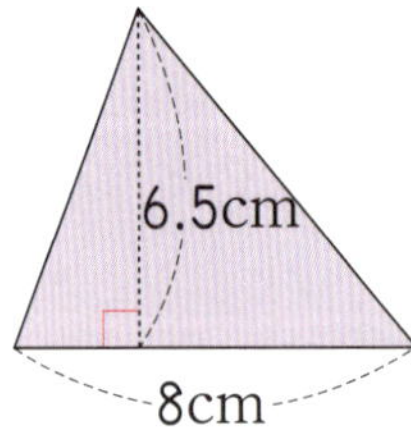

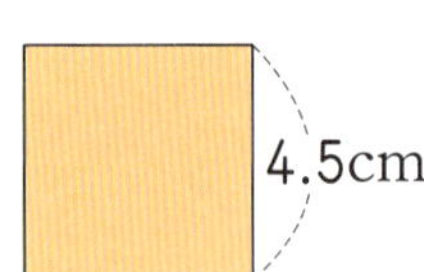

[답]

7 비례식을 모두 찾아 기호를 쓰시오.

ㄱ $7 : 9 = 14 : 27$　　ㄴ $3.6 : 0.8 = 9 : 2$
ㄷ $4 : 5 = \dfrac{3}{5} : \dfrac{3}{4}$　　ㄹ $\dfrac{7}{18} : \dfrac{8}{12} = 20 : 11$

[답]

확인 학습

확인 학습

8 □ 안에 알맞은 수를 써넣으시오.

$$2.5 : \boxed{} = 4 : 8$$

9 □ 안에 들어갈 수가 가장 큰 것을 찾아 기호를 쓰시오.

> ㉠ $3 : \boxed{} = 18 : 24$　　㉡ $\boxed{} : 1.25 = 8 : 9$
>
> ㉢ $0.6 : 1 = \boxed{} : 5$　　㉣ $1\dfrac{1}{5} : 2.4 = 1 : \boxed{}$

[답]

10 비례식에서 외항의 곱이 28일 때 ■, ● 에 알맞은 수를 구하시오.

$$0.14 : 4 = ■ : ●$$

■ ________________________ , ● ________________

확인 학습

11 태극기의 가로와 세로의 비는 3 : 2입니다. 가로가 1m 20cm인 태극기의 세로는 몇 cm입니까?

[답]

12 일정한 빠르기로 20분 동안에 32km를 가는 자동차가 있습니다. 이 자동차가 같은 빠르기로 1시간 30분 동안에는 몇 km를 갈 수 있습니까?

[답]

13 호서네 반 학생의 55%는 피자를 좋아합니다. 피자를 좋아하는 학생이 22명일 때, 반 전체 학생 수는 몇 명입니까?

[답]

 확인 학습

◆ **연비와 비례배분** ◆

1 연비가 아닌 것을 찾아 기호를 쓰시오.

$$㉠\ 0.2 : 5 : 3 \qquad ㉡\ \frac{1}{4} : 1\frac{1}{2} : 10$$

$$㉢\ 5\frac{5}{8} : 0.55 \qquad ㉣\ 1 : 6 : 0.1$$

[답]

2 연비 가 : 나 : 다를 나타내시오.

$$가 : 다 = 3 : 7, \ 나 : 다 = 5 : 2$$

[답]

3 언니와 동생이 가지고 있는 돈의 비는 4 : 3이고, 동생과 내가 가지고 있는 돈의 비는 5 : 6입니다. 언니, 동생, 내가 가지고 있는 돈의 비를 연비로 나타내시오.

[답]

4 가장 작은 자연수의 연비로 나타내시오.

$$1\frac{2}{3} : 0.7 : \frac{1}{2}$$

[답]

5 경철이는 매일 윗몸일으키기를 20번, 줄넘기를 100번, 팔굽혀펴기를 15번씩 한다고 합니다. 경철이가 매일 하는 윗몸일으키기, 줄넘기, 팔굽혀펴기의 횟수의 연비를 가장 작은 자연수의 연비로 나타내시오.

[답]

6 불우이웃돕기 성금으로 수정이는 5000원, 은주는 7500원, 지원이는 6500원을 냈습니다. 수정, 은주, 지원이가 낸 성금의 연비를 가장 작은 자연수의 연비로 나타내시오.

[답]

 확인 학습

7 고구마 48kg을 큰아버지 댁과 작은아버지 댁에 7 : 5로 나누어 드리려고 합니다. 큰아버지 댁과 작은아버지 댁에 각각 몇 kg씩 드려야 합니까?

(큰아버지 댁) _______________________ , (작은아버지 댁) _______________________

8 빵 52개를 각 모둠 학생 수에 따라 나누어 주려고 합니다. 형운이네 모둠은 6명, 정준이네 모둠은 7명입니다. 각 모둠에 몇 개씩 나누어 주어야 합니까?

(형운이네 모둠) _______________________ , (정준이네 모둠) _______________________

9 4500원을 지민이와 희정이가 3 : 2의 비로 나누어 가졌습니다. 지민이와 희정이가 나누어 가진 돈의 차는 얼마입니까?

[답] _______________________

10 삼각형의 둘레는 108cm이고 세 변의 길이는 2 : 3 : 4의 연비입니다. 이 삼각형의 가장 긴 변은 몇 cm입니까?

[답]

11 갑, 을, 병 세 사람이 어떤 일을 하고 모두 45만 원을 받았습니다. 이 일을 갑은 11일, 을은 13일, 병은 6일 동안 하였습니다. 일한 날수의 비로 돈을 나누어 가진다면 갑은 얼마를 가지게 됩니까?

[답]

12 연필 18타를 가, 나, 다 모둠에 3 : 7 : 8의 연비로 나누어 주려고 합니다. 다 모둠에 연필 몇 자루를 나누어 주어야 합니까?

[답]

 확인 학습

 창의력 학습

다음은 고대의 유명한 수학자 피타고라스의 제자에 관한 이야기의 일부입니다.
피타고라스의 제자는 모두 몇 명입니까?

내 제자의 $\frac{1}{2}$ 은 수의 아름다움을 탐구하고, $\frac{1}{4}$ 은 자연의 이치를 연구한다. 또,

$\frac{1}{7}$ 의 제자들은 굳게 입을 다물고 깊게 사색에 잠겨 있다. 그 외에 여자인 제자

가 3명이 있다. 그들이 제자의 전부이다.

[답]

그림과 같은 직사각형 모양의 땅이 있습니다. 배추를 심은 땅의 넓이는 전체의 40%이고, 무와 양파를 심은 땅의 넓이의 비는 3 : 2입니다. 이 땅 전체 넓이가 8400m^{2}일 때 무를 심은 땅의 넓이는 몇 m^{2}입니까?

[답] ______________________

경시대회 예상문제

1 밑변이 $5\frac{1}{3}$ cm, 높이가 $3\frac{3}{4}$ cm인 삼각형과 넓이가 같은 직사각형이 있습니다. 이 직사각형의 가로가 $6\frac{2}{5}$ cm라고 할 때 세로는 몇 cm입니까?

[답]

2 어떤 수를 3.8로 나눈 몫은 2.15이고 나머지는 0.17입니다. 어떤 수를 1.5로 나눈 몫은 얼마입니까?

[답]

3 무게가 같은 배 28개를 담은 상자의 무게를 달아 보니 11.6kg이었습니다. 배가 19개가 팔린 후 남은 배와 상자의 무게를 달아 보니 3.1kg이었습니다. 배 한 개의 무게는 약 몇 kg인지 소수 둘째 자리까지 나타내려고 합니다. 풀이 과정을 쓰고 답을 구하시오.

[답]

4 꼭짓점의 수가 9개인 각뿔과 밑면의 모양이 같은 각기둥의 꼭짓점의 수와 면의 수의 차는 몇 개입니까?

[답]

5 옆면이 그림과 같이 합동인 이등변삼각형 5개로 이루어진 입체도형이 있습니다. 이 입체도형의 모든 모서리의 길이의 합은 몇 cm입니까?

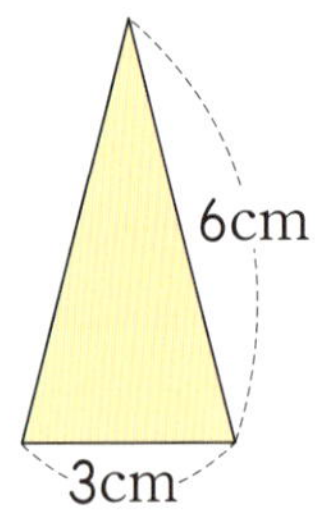

[답]

6 쌓기나무로 쌓은 모양을 위, 앞, 옆에서 본 모양입니다. 쌓기나무를 최대로 사용할 때의 개수와 최소로 사용할 때의 개수의 차는 몇 개입니까?

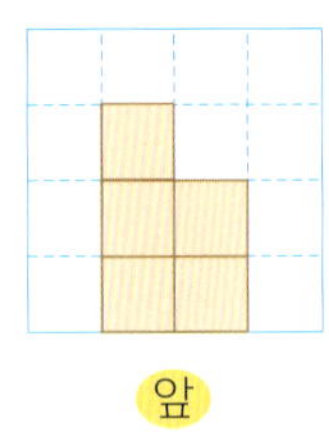
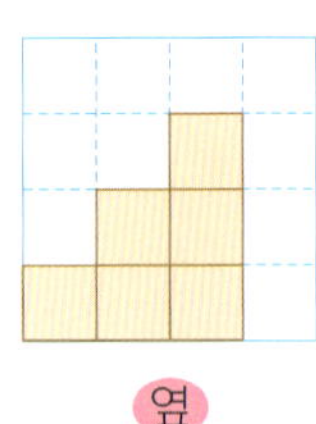

[답]

7 반지름이 4cm인 원 3개를 오른쪽 그림과 같이 끈으로 묶을 때 필요한 끈은 몇 cm입니까? (단, 묶은 매듭은 생각하지 않습니다.)

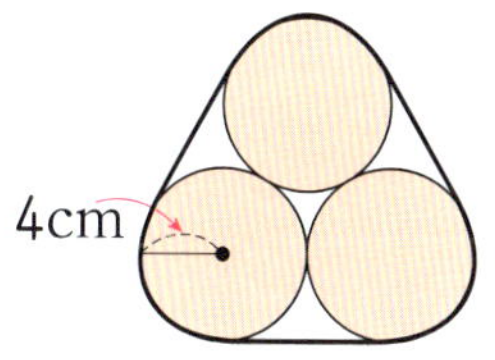

[답]

8 오른쪽은 정준이네 학교 학생들의 장래 희망을 조사하여 나타낸 원그래프입니다. 장래 희망이 운동 선수인 학생이 120명이라면 장래 희망이 과학자인 학생은 몇 명입니까?

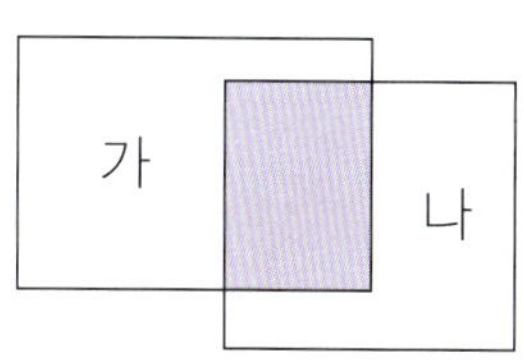

[답]

9 오른쪽 그림에서 색칠한 부분의 넓이는 직사각형 가의 $\frac{2}{5}$이고, 직사각형 나의 $\frac{3}{8}$입니다. 직사각형 가와 나의 넓이의 비를 가장 작은 자연수의 비로 나타내려고 합니다. 풀이 과정을 쓰고 답을 구하시오.

[답]

10 그림과 같이 원기둥 모양의 물통에 240L의 물을 더 부으면 가득 차게 됩니다. 이 물통에 담긴 물의 깊이가 2.5m일 때 물통에 담긴 물의 양은 몇 L입니까?

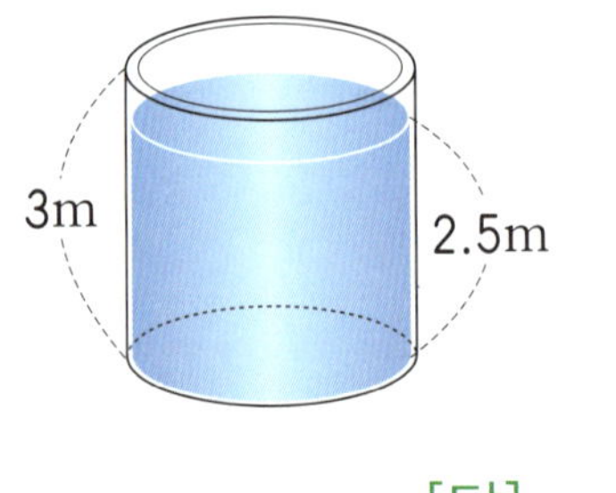

[답]

11 현규는 가지고 있던 사탕 중에서 12개를 친구에게 주고, 나머지를 형과 동생에게 5 : 4의 비로 나누어 주었습니다. 동생이 가진 사탕이 16개라면 현규가 처음에 가지고 있던 사탕은 몇 개입니까?

[답]

12 세 사람이 만든 종이배는 모두 666개입니다. 누나와 내가 만든 종이배의 수의 비는 3 : 4이고, 누나와 동생이 만든 종이배의 수의 비는 4 : 3입니다. 나와 동생이 만든 종이배의 수의 차는 몇 개입니까?

[답]

1 빈칸에 알맞은 수를 써넣으시오.

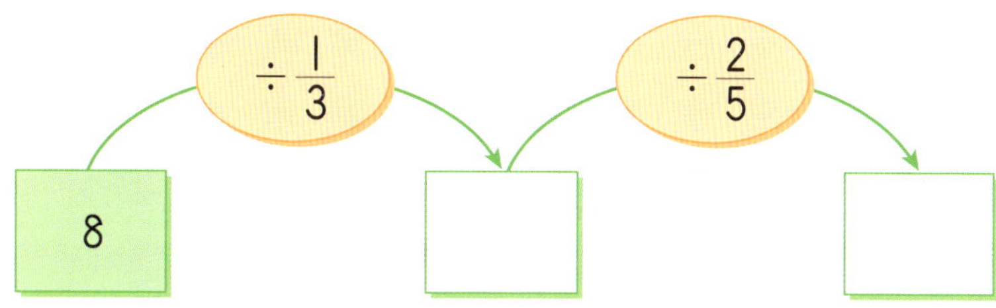

2 나눗셈을 계산하여 ○ 안에 >, =, <를 알맞게 써넣으시오.

$$\frac{7}{8} \div \frac{5}{6} \bigcirc 1\frac{3}{4} \div \frac{2}{3}$$

3 현수가 걸어서 $4\frac{2}{5}$ km를 가는 데 $\frac{9}{10}$ 시간 걸렸다고 합니다. 같은 빠르기로 1시간 30분 동안 걸으면 몇 km를 갈 수 있습니까?

[답]

4 나눗셈의 몫을 자연수 부분까지 구하고 나머지를 알아본 후 검산하시오.

$$5.2 \overline{)94.8}$$

(검산) ______________________

5 나눗셈의 몫을 반올림하여 소수 첫째 자리까지 구하시오.

$$54.248 \div 1.7$$

[답] ______________________

6 물 21.84L를 3.12L씩 물통에 모두 담으려면 물통이 몇 개 필요합니까?

[답] ______________________

7 입체도형의 이름을 쓰시오.

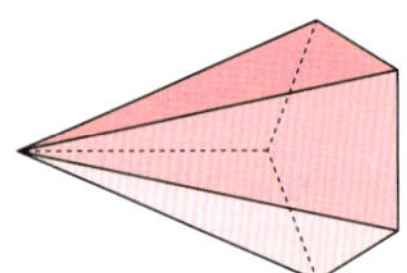

[답] ______________________

8 빈칸에 알맞은 수를 써넣으시오.

도형	한 밑면의 변의 수(개)	면의 수(개)	모서리의 수(개)	꼭짓점의 수(개)
육각기둥				

9 다음 모양을 만들기 위해서는 쌓기나무가 몇 개 필요합니까?

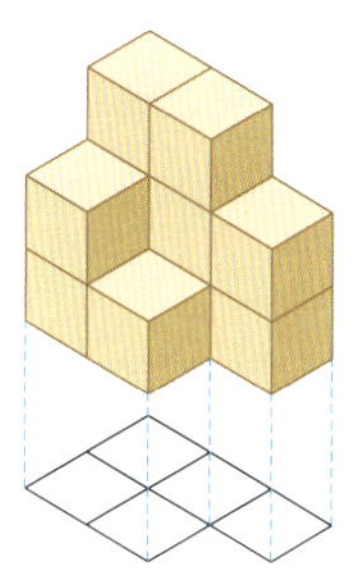

[답]

10 위, 앞, 옆에서 본 모양이 다음과 같은 쌓기나무 모양을 만들 때, 쌓기나무는 몇 개 필요합니까?

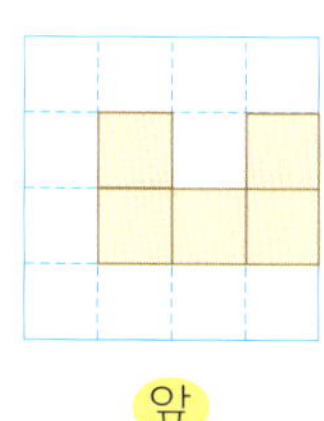
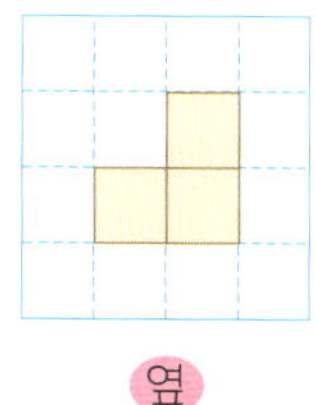

위　　　　　앞　　　　　옆

[답]

11 색칠한 부분의 넓이를 구하시오.

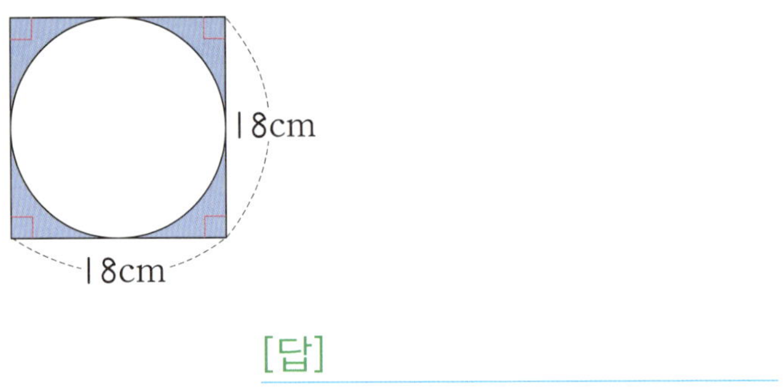

[답]

12 운성이는 그림과 같은 운동장의 둘레를 매일 **2**바퀴씩 **5**일 동안 뛰었다면 운성이가 뛴 거리는 모두 몇 m입니까?

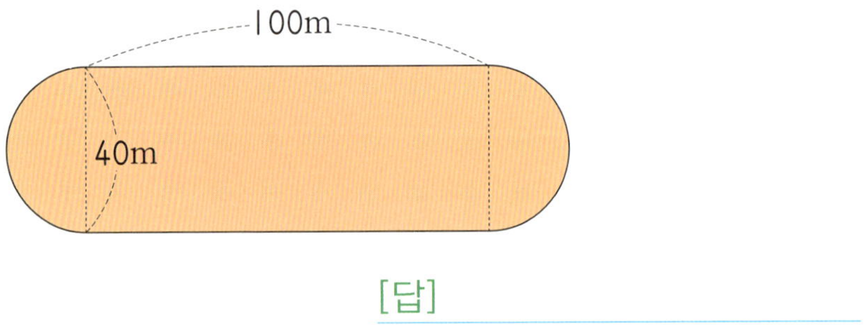

[답]

13 진영이네 반의 학급 문고의 책을 조사하여 띠그래프로 나타낸 것입니다. 학급 문고의 책이 **160**권 있다면 위인전은 몇 권 있습니까?

〈학급 문고〉

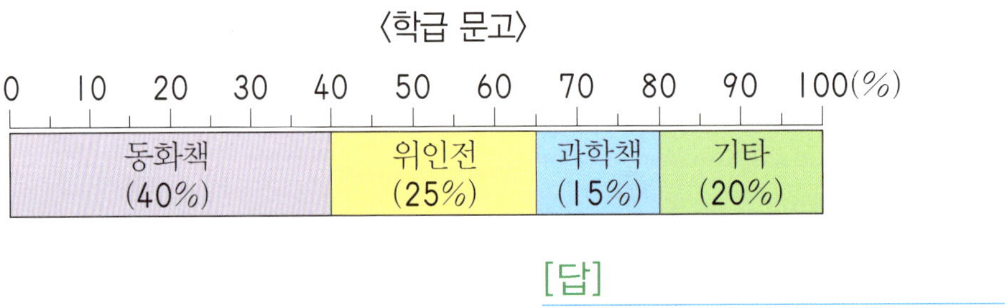

[답]

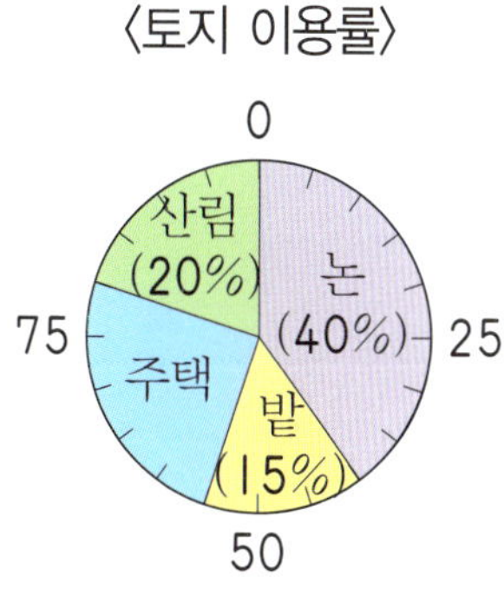

14 주택이 차지하는 비율은 몇 %입니까?

[답]

15 전체 토지가 360km^{2}라면 밭은 몇 km^{2}입니까?

[답]

16 가장 작은 자연수의 비로 나타내시오.

$$1\frac{1}{8} : 2\frac{7}{10}$$

[답]

17 어떤 사람이 8일 동안 일을 하고 36만 원을 받았습니다. 이 사람이 54만 원을 받으려면 며칠 동안 일을 해야 합니까?

[답]

18 연비 가 : 나 : 다를 가장 작은 자연수의 연비로 나타내시오.

$$가 : 다 = 1.5 : 10, \quad 가 : 나 = 4\frac{1}{2} : 2$$

[답]

19 둘레가 96cm인 직사각형이 있습니다. 이 직사각형의 가로와 세로의 비가 5 : 3일 때 직사각형의 넓이는 몇 cm²입니까?

[답]

20 상우, 채원, 인성 세 사람이 돈을 모아 10000원짜리 축구공을 샀습니다. 상우와 채원이가 낸 돈의 비는 2 : 3이고, 상우와 인성이가 낸 돈의 비는 3 : 5입니다. 돈을 가장 많이 낸 사람은 얼마를 냈습니까?

[답]

사고력도 탄탄! 창의력도 탄탄!

기탄사고력수학
해답

J121a~J180b

해답은 따로 보관하고 있다가
채점할 때 사용해 주세요.

121a~121b

1 (1) $\dfrac{1}{5}$ / $\dfrac{2}{10}$, $\dfrac{1}{5}$ (2) 같습니다.

(3) ⑩ $1:5=2:10$

2 항, 전항, 후항 **3** 외항, 내항

4 2, 9 **5** 6, 5

6 14, 8 **7** 15, 6

122a~122b

1 ㉡, ㉤ **2** ⑩ $5:7=10:14$

3 ⑩ $3:10=6:20$

4 ⑩ $4:9=20:45$

5 ⑩ $5:8=25:40$

풀이 $\dfrac{5}{8} \rightarrow 5:8$, $\dfrac{25}{40} \rightarrow 25:40$

비례식으로 나타내면 $5:8=25:40$ 또는 $25:40=5:8$ 등 여러 가지로 나타 낼 수 있습니다.

6 6, 2, 3

풀이 비례식을 $4:㉠=㉡:㉢$이라 하면

$4:㉠ \rightarrow \dfrac{4}{㉠}=\dfrac{2}{3}$이므로 ㉠=6입니다.

$4×㉢=12$, ㉢=3입니다.

$㉡:3 \rightarrow \dfrac{㉡}{3}=\dfrac{2}{3}$이므로 ㉡=2입니다.

따라서 비례식은 $4:6=2:3$입니다.

123a~123b

1 9, 3 **2** 2, 5

3 4, 8 **4** 6, 2

5 28, 40, 8

풀이 $3.5:5$의 전항 3.5에 8을 곱하면 28이 되고 후항 5에도 8을 곱하면 40이 됩니다.

6 16, 3, 16

풀이 $64:48$의 전항 64를 16으로 나누 어야 4가 되므로 후항 48에도 16으로 나 누면 3이 됩니다.

7

10, 15, 20

풀이 $3:5=(3×2):(5×2)=6:10$
$\qquad =(3×3):(5×3)=9:15$
$\qquad =(3×4):(5×4)=12:20$

8

12, 18, 24

풀이 $6:7=(6×2):(7×2)=12:14$
$\qquad =(6×3):(7×3)=18:21$
$\qquad =(6×4):(7×4)=24:28$

9

18, 27, 36

풀이 $4:9=(4×2):(9×2)=8:18$
$\qquad =(4×3):(9×3)=12:27$
$\qquad =(4×4):(9×4)=16:36$

10

6, 4, 2

풀이 $18:12=(18÷2):(12÷2)=9:6$
$\qquad =(18÷3):(12÷3)=6:4$
$\qquad =(18÷6):(12÷6)=3:2$

11

12, 6, 3

풀이 $24:40=(24÷2):(40÷2)$
$\qquad =12:20$
$\qquad =(24÷4):(40÷4)$
$\qquad =6:10$
$\qquad =(24÷8):(40÷8)$
$\qquad =3:5$

12

18, 12, 9, 6, 3

풀이 $36:48=(36÷2):(48÷2)$
$\qquad =18:24$
$\qquad =(36÷3):(48÷3)$
$\qquad =12:16$
$\qquad =(36÷4):(48÷4)$
$\qquad =9:12$
$\qquad =(36÷6):(48÷6)$
$\qquad =6:8$
$\qquad =(36÷12):(48÷12)$
$\qquad =3:4$

124a~124b

1 ⑩ $6:20$, $9:30$

2 ⑩ $16:14$, $24:21$

3 ⑩ $14:10$, $7:5$

4 예 24 : 42, 16 : 28

5 (　　) (　　) (　　) (○)

풀이 $7 : 3 = (7 \times 5) : (3 \times 5) = 35 : 15$

6 ㄹ

풀이 ㉠ $48 : 64 = (48 \div 4) : (64 \div 4)$
$= 12 : 16$
㉡ $48 : 64 = (48 \div 16) : (64 \div 16)$
$= 3 : 4$
㉢ $48 : 64 = (48 \div 2) : (64 \div 2)$
$= 24 : 32$

7 ㉡

풀이 ㉠ 4 : 9의 후항 9에 3을 곱하면 27
이 되므로 전항 4에도 3을 곱하면
□＝12입니다.
㉡ 50 : 70의 전항 50을 5로 나누면 10이
되므로 후항 70을 5로 나누면 □＝14
입니다.
따라서 □ 안의 수가 더 큰 것은 ㉡입니다.

8 ㉡

풀이 직사각형의 가로와 세로의 비는 다
음과 같습니다.
㉠ 2 : 3　　　　　㉡ 3 : 6
㉢ 4 : 2　　　　　㉣ 2 : 2
$1 : 2 = (1 \times 3) : (2 \times 3) = 3 : 6$이므로 가
로와 세로의 비가 1 : 2인 직사각형은 ㉡입
니다.

125a~125b

1 24, 24, 24, 10, 9

2 10, 10, 10, 7, 9

3 4, 4, 4, 4, 7

4 8, 30, 8, 8, 30, 30, 24, 5

5 20, 8, 5

6 100, 100, 15, 16

7 5, 5, 9, 10

8 9, 13, 9, 30, 13, 30, 27, 65

9 7, 22, 7, 20, 22, 20, 35, 44

126a~126b

1 5 : 6

풀이 $\dfrac{1}{3} : \dfrac{2}{5} = (\dfrac{1}{3} \times 15) : (\dfrac{2}{5} \times 15)$
$= 5 : 6$

2 68 : 33

풀이 $2\dfrac{5}{6} : 1\dfrac{3}{8} = \dfrac{17}{6} : \dfrac{11}{8}$
$= (\dfrac{17}{6} \times 24) : (\dfrac{11}{8} \times 24)$
$= 68 : 33$

3 3 : 14

풀이 $0.3 : 1.4 = (0.3 \times 10) : (1.4 \times 10)$
$= 3 : 14$

4 6 : 1

풀이 $1.5 : 0.25$
$= (1.5 \times 100) : (0.25 \times 100)$
$= 150 : 25$
$= (150 \div 25) : (25 \div 25) = 6 : 1$

5 3 : 2

풀이 $48 : 32 = (48 \div 16) : (32 \div 16)$
$= 3 : 2$

6 147 : 20

풀이 $2.1 : \dfrac{2}{7} = \dfrac{21}{10} : \dfrac{2}{7}$
$= (\dfrac{21}{10} \times 70) : (\dfrac{2}{7} \times 70)$
$= 147 : 20$

7 55 : 32

풀이 $2\dfrac{3}{4} : 1.6 = \dfrac{11}{4} : \dfrac{16}{10}$
$= (\dfrac{11}{4} \times 20) : (\dfrac{16}{10} \times 20)$
$= 55 : 32$

8 27 : 8

풀이 $9 : 2\dfrac{2}{3} = 9 : \dfrac{8}{3}$

$$=(9 \times 3):(\frac{8}{3} \times 3)$$
$$=27:8$$

9 ㉠, ㉣

풀이 ㉤ $1\frac{1}{4}:2=\frac{5}{4}:2$
$$=(\frac{5}{4} \times 4):(2 \times 4)$$
$$=5:8$$
㉢ $36:42=(36 \div 6):(42 \div 6)=6:7$

10 ㉤, ㉣

풀이 ㉠ $1\frac{1}{4}:1\frac{2}{3}=\frac{5}{4}:\frac{5}{3}$
$$=(\frac{5}{4} \times 12):(\frac{5}{3} \times 12)$$
$$=15:20$$
$$=(15 \div 5):(20 \div 5)$$
$$=3:4$$
㉤ $6.8:8.5=(6.8 \times 10):(8.5 \times 10)$
$$=68:85$$
$$=(68 \div 17):(85 \div 17)$$
$$=4:5$$
㉢ $64:70=(64 \div 2):(70 \div 2)$
$$=32:35$$
㉣ $2:2\frac{1}{2}=2:\frac{5}{2}=(2 \times 2):(\frac{5}{2} \times 2)$
$$=4:5$$
따라서 $4:5$인 비는 ㉤, ㉣입니다.

11 (   ) (○)

풀이 $5\frac{2}{9}:4\frac{2}{3}=\frac{47}{9}:\frac{14}{3}$
$$=(\frac{47}{9} \times 9):(\frac{14}{3} \times 9)$$
$$=47:42$$
$0.5:1\frac{1}{6}=\frac{5}{10}:\frac{7}{6}$
$$=(\frac{5}{10} \times 30):(\frac{7}{6} \times 30)$$
$$=15:35=(15 \div 5):(35 \div 5)$$
$$=3:7$$
따라서 가장 작은 자연수의 비로 나타냈을 때 전항이 3인 것은 $0.5:1\frac{1}{6}$입니다.

1 $45:32$

풀이 (밑변) : (높이)
$$=3\frac{3}{4}:2\frac{2}{3}=\frac{15}{4}:\frac{8}{3}$$
$$=(\frac{15}{4} \times 12):(\frac{8}{3} \times 12)=45:32$$

2 $5:16$

풀이 (수제비) : (칼국수)
$$=\frac{1}{4}:\frac{4}{5}=(\frac{1}{4} \times 20):(\frac{4}{5} \times 20)$$
$$=5:16$$

3 $8:9$

풀이 (현정) : (지호)
$$=32:36=(32 \div 4):(36 \div 4)$$
$$=8:9$$

4 $17:13$

풀이 (수호) : (민경)
$$=3.4:2.6$$
$$=(3.4 \times 10):(2.6 \times 10)$$
$$=34:26=(34 \div 2):(26 \div 2)$$
$$=17:13$$

5 $81:25$

풀이 (긴 막대) : (짧은 막대)
$$=1.8:\frac{5}{9}=\frac{18}{10}:\frac{5}{9}$$
$$=(\frac{18}{10} \times 90):(\frac{5}{9} \times 90)=162:50$$
$$=(162 \div 2):(50 \div 2)=81:25$$

6 $9:10$

풀이 (직사각형의 넓이)$=4 \times 2\frac{1}{2}$
$$=10(\text{cm}^2)$$
(정사각형의 넓이)$=3\frac{1}{3} \times 3\frac{1}{3}$
$$=11\frac{1}{9}(\text{cm}^2)$$
(직사각형) : (정사각형)
$$=10:11\frac{1}{9}=10:\frac{100}{9}$$

$$=(10 \times 9):(\frac{100}{9} \times 9)=90:100$$
$$=(90 \div 10):(100 \div 10)=9:10$$

128a~128b

1 48, 48

2 $1\frac{1}{2}$, $1\frac{1}{2}$

3 7, 189, 9, 189

4 26, 5.2, 4, 5.2

5 ( ) (○)
(○) ( )

6 12, 60, 60, 3, 20

7 7, 98, 98, 49, 2

8 27, 162, 162, 18, 9

9 55, 220, 220, 11, 20

10 18, 14.4, 14.4, 0.9, 16

11 3, 1, 1, 5, $\frac{1}{5}$

129a~129b

1 10

풀이 $5:8=\square:16$
➡ $5 \times 16=8 \times \square$, $80=8 \times \square$,
$\square=80 \div 8=10$

2 36

풀이 $9:7=\square:28$
➡ $9 \times 28=7 \times \square$, $252=7 \times \square$,
$\square=252 \div 7=36$

3 54

풀이 $4:9=24:\square$
➡ $4 \times \square=9 \times 24$, $4 \times \square=216$,
$\square=216 \div 4=54$

4 3

풀이 $\square:5=9:15$ ➡ $\square \times 15=5 \times 9$,
$\square \times 15=45$, $\square=45 \div 15=3$

5 12

풀이 $100:48=25:\square$
➡ $100 \times \square=48 \times 25$, $100 \times \square=1200$,
$\square=1200 \div 100=12$

6 560

풀이 $350:\square=5:8$
➡ $350 \times 8=\square \times 5$, $2800=\square \times 5$,
$\square=2800 \div 5=560$

7 5

풀이 $2.5:\square=4:8$
➡ $2.5 \times 8=\square \times 4$, $20=\square \times 4$,
$\square=20 \div 4=5$

8 32

풀이 $1\frac{1}{4}:\frac{2}{3}=60:\square$

➡ $1\frac{1}{4} \times \square=\frac{2}{3} \times 60$, $1\frac{1}{4} \times \square=40$,

$\square=40 \div 1\frac{1}{4}=32$

9 1.5

풀이 $\square:1\frac{1}{6}=9:7$

➡ $\square \times 7=1\frac{1}{6} \times 9$, $\square \times 7=10\frac{1}{2}$,

$\square=10\frac{1}{2} \div 7=1\frac{1}{2}=1.5$

10 ㉡

풀이 ㉠ $1\frac{2}{7}:1=\square:14$

➡ $1\frac{2}{7} \times 14=1 \times \square$, $\square=18$

㉡ $\square:3.8=25:5$
➡ $\square \times 5=3.8 \times 25$, $\square \times 5=95$,
$\square=95 \div 5=19$
따라서 ㉡이 더 큽니다.

11 60

풀이 $4:\frac{2}{5}=\square:1$

➡ $4 \times 1=\frac{2}{5} \times \square$, $4=\frac{2}{5} \times \square$,

$\square=4 \div \frac{2}{5}=10$

$2:\square=0.3:7.5$
➡ $2 \times 7.5=\square \times 0.3$, $15=\square \times 0.3$,
$\square=15 \div 0.3=50$
따라서 $10+50=60$입니다.

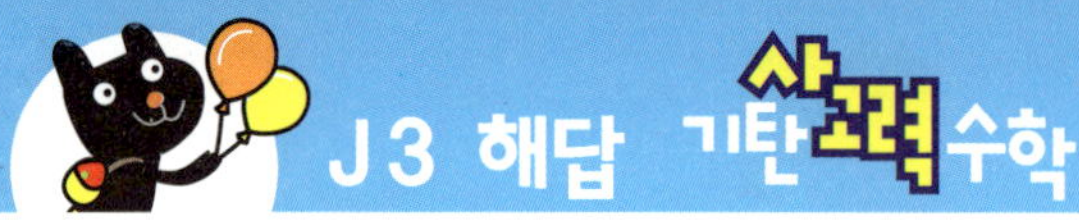

130a~130b

1 ㉡

[풀이] ㉠ $6 : \square = 3 : 10$
➡ $6 \times 10 = \square \times 3$, $60 = \square \times 3$
$\square = 60 \div 3 = 20$

㉡ $\square : 1.2 = 21 : 4$
➡ $\square \times 4 = 1.2 \times 21$, $\square \times 4 = 25.2$
$\square = 25.2 \div 4 = 6.3$

㉢ $0.7 : 4 = \square : 80$
➡ $0.7 \times 80 = 4 \times \square$, $56 = 4 \times \square$,
$\square = 56 \div 4 = 14$

㉣ $1\frac{1}{2} : 0.7 = 15 : \square$

➡ $1\frac{1}{2} \times \square = 0.7 \times 15$,

$1\frac{1}{2} \times \square = 10.5$, $\square = 10.5 \div 1\frac{1}{2} = 7$

2 13

[풀이] $0.44 : 1.2 = 11 : (17 + \square)$
➡ $0.44 \times (17 + \square) = 1.2 \times 11$
$0.44 \times (17 + \square) = 13.2$,
$(17 + \square) = 13.2 \div 0.44$, $17 + \square = 30$,
$\square = 30 - 17 = 13$

3 6

[풀이] 외항의 곱과 내항의 곱이 같습니다.
● $: 15 = \square : $ ★
➡ $15 \times \square = 90$, $\square = 90 \div 15 = 6$

4 8, 19

[풀이] $4 : 9.5 =$ ▦ $:$ ●
➡ $9.5 \times$ ▦ $= 76$, $4 \times$ ● $= 76$
▦ $= 76 \div 9.5 = 8$, ● $= 76 \div 4 = 19$

5 $3 : 5$

[풀이] ㉮ $\times 15 = $ ㉯ $\times 9$
㉮ $:$ ㉯ $= 9 : 15 = (9 \div 3) : (15 \div 3)$
$= 3 : 5$

6 14

[풀이] $\square : 5 = 2.1 : 1.5$
➡ $\square \times 1.5 = 5 \times 2.1$, $\square \times 1.5 = 10.5$
$\square = 10.5 \div 1.5 = 7$
★ $: 6 = 7 : 3$ ➡ ★ $\times 3 = 6 \times 7$,
★ $\times 3 = 42$, ★ $= 42 \div 3 = 14$

131a~131b

1 5cm, 4cm

2 [예] $5 : 4 = \square : 8$

3 10

[풀이] $5 : 4 = \square : 8$ ➡ $5 \times 8 = 4 \times \square$,
$40 = 4 \times \square$, $\square = 40 \div 4 = 10$

4 10m

5 [예] $5 : 6 = 85 : \square$

6 102

[풀이] $5 : 6 = 85 : \square$ ➡ $5 \times \square = 6 \times 85$,
$5 \times \square = 510$, $\square = 510 \div 5 = 102$

7 102번

132a~132b

1 60cm

[풀이] 세로를 $\square$cm라 하면
$3 : 2 = 90 : \square$ ➡ $3 \times \square = 2 \times 90$,
$3 \times \square = 180$, $\square = 180 \div 3 = 60$
따라서 세로는 60cm입니다.

2 6시간

[풀이] 480km를 갈 때 걸리는 시간을 $\square$
시간이라 하면 $2 : 160 = \square : 480$
➡ $2 \times 480 = 160 \times \square$, $960 = 160 \times \square$,
$\square = 960 \div 160 = 6$
따라서 480km를 갈 때 6시간이 걸립니다.

3 56만 원

[풀이] 일주일 동안 일하고 받을 수 있는 돈
을 $\square$원이라고 하면
$3 : 240000 = 7 : \square$
➡ $3 \times \square = 240000 \times 7$,
$3 \times \square = 1680000$,
$\square = 1680000 \div 3 = 560000$
따라서 일주일 동안 일을 한다면 560000
원을 받을 수 있습니다.

4 45분

[풀이] 물을 405L 받을 때 수도꼭지를 틀
어 놓아야 하는 시간을 $\square$분이라 하면
$3 : 27 = \square : 405$

➡ $3 \times 405 = 27 \times \square$, $1215 = 27 \times \square$,
$\square = 1215 \div 27 = 45$
따라서 물을 405L 받을 때 수도꼭지를 틀어 놓아야 하는 시간은 45분입니다.

5 10800원

풀이 연필 2타의 값을 $\square$원이라 하면
$4 : 1800 = 24 : \square$
➡ $4 \times \square = 1800 \times 24$, $4 \times \square = 43200$,
$\square = 43200 \div 4 = 10800$
따라서 연필 2타의 값은 10800원입니다.

6 12L

풀이 144km를 달리는데 필요한 휘발유를 $\square$L라고 하면
$4 : 48 = \square : 144$ ➡ $4 \times 144 = 48 \times \square$,
$576 = 48 \times \square$, $\square = 576 \div 48 = 12$
따라서 144km를 달리는데 필요한 휘발유는 12L입니다.

7 6.3m

풀이 4.5m인 막대를 땅에 수직으로 세웠을 때 그림자의 길이를 $\square$m라고 하면
$1 : 1.4 = 4.5 : \square$
➡ $1 \times \square = 1.4 \times 4.5$, $\square = 6.3$
따라서 4.5m인 막대를 땅에 수직으로 세웠을 때 그림자의 길이는 6.3m입니다.

8 30명

풀이 정희네 반 전체 학생 수를 $\square$명이라고 하면 $30 : 100 = 9 : \square$
➡ $30 \times \square = 100 \times 9$, $30 \times \square = 900$,
$\square = 900 \div 30 = 30$
따라서 정희네 반 전체 학생 수는 30명입니다.

a 5개

풀이 하준이가 가지고 있는 사탕 수를 $\square$개라 하면 $4 : 3 = 40 : \square$
➡ $4 \times \square = 3 \times 40$, $4 \times \square = 120$,
$\square = 120 \div 4 = 30$
전체 사탕 수는 $40 + 30 = 70$(개)입니다.
사탕 수가 같으려면 $70 \div 2 = 35$(개)씩 나누어 가지면 됩니다.

따라서 서연이는 하준이에게
$40 - 35 = 5$(개)를 주어야 됩니다.

b 25cm²

풀이

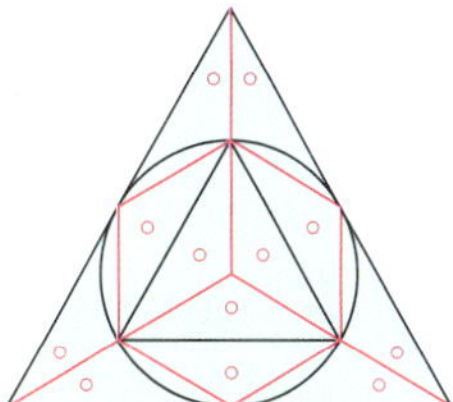

합동인 삼각형으로 나누어 보면 원 안의 정삼각형은 3개, 원 밖의 정삼각형은 12개로 나눌 수 있으므로 원 안과 밖의 정삼각형의 넓이의 비는 $3 : 12 = 1 : 4$입니다.
원 안에 있는 정삼각형의 넓이를 $\square$cm²라 하면 $1 : 4 = \square : 100$ ➡ $4 \times \square = 100$,
$\square = 100 \div 4 = 25$입니다. 따라서 원 안의 정삼각형의 넓이는 25cm²입니다.

1 $57 : 40$

풀이 ㉮ $\times 2\frac{2}{3} = $ ㉯ $\times 3.8$

㉮ : ㉯ $= 3.8 : 2\frac{2}{3} = \frac{38}{10} : \frac{8}{3}$

$= (\frac{38}{10} \times 30) : (\frac{8}{3} \times 30)$

$= 114 : 80$

$= (114 \div 2) : (80 \div 2) = 57 : 40$

2 ㉮ $\times \frac{2}{3} = $ ㉯ $\times \frac{3}{5}$

㉮ : ㉯ $= \frac{3}{5} : \frac{2}{3} = (\frac{3}{5} \times 15) : (\frac{2}{3} \times 15)$

$= 9 : 10$

[답] $9 : 10$

평가 기준	
상	비례식의 성질을 이용하여 답을 바르게 구한 경우
중	비례식의 성질을 이용하였으나 답이 틀린 경우
하	풀이와 답을 구하지 못한 경우

3 2L

풀이 작은 병의 들이를 $\square$L라 하면
$$\frac{1}{2} : \frac{2}{5} = 2.5 : \square \Rightarrow \frac{1}{2} \times \square = \frac{2}{5} \times \frac{25}{10},$$
$$\frac{1}{2} \times \square = 1, \square = 2$$

4 360cm²

풀이 밑변을 $\square$cm라 하면
$9 : 5 = \square : 20 \Rightarrow 9 \times 20 = 5 \times \square$,
$180 = 5 \times \square$, $\square = 180 \div 5 = 36$
따라서 삼각형의 넓이는
$36 \times 20 \div 2 = 360(\text{cm}^2)$입니다.

5 1 : 3

풀이 색칠한 부분은 작은 정사각형의 $\frac{1}{2}$
이고 작은 정사각형은 큰 정사각형의 $\frac{1}{2}$이
므로 색칠한 부분은 큰 정사각형의 $\frac{1}{4}$입니
다. 따라서 색칠한 부분과 색칠하지 않은
부분의 비는 $\frac{1}{4} : \frac{3}{4} = 1 : 3$입니다.

6 154cm²

풀이 직사각형의 세로를 $\square$cm라 하면
$4 : 3\frac{1}{7} = 14 : \square$, $4 \times \square = 3\frac{1}{7} \times 14$
$4 \times \square = 44$, $\square = 44 \div 4 = 11$
따라서 직사각형의 넓이는
$14 \times 11 = 154(\text{cm}^2)$입니다.

7 16 : 15

풀이 평행사변형과 사다리꼴의 높이를
$\square$cm라 하면
(평행사변형의 넓이)$= 8 \times \square$
(사다리꼴의 넓이)$= (5 + 10) \times \square \div 2$
$\qquad\qquad\qquad\quad = 7.5 \times \square$
(평행사변형) : (사다리꼴)
$(8 \times \square) : (7.5 \times \square) = 8 : 7.5$
$= (8 \times 10) : (7.5 \times 10)$
$= 80 : 75 = (80 \div 5) : (75 \div 5)$
$= 16 : 15$

8 37 : 59

풀이 하루는 24시간이고 밤의 길이는
$24 - 9.25 = 14.75$(시간)입니다.

(낮의 길이) : (밤의 길이)
$9.25 : 14.75$
$= (9.25 \times 100) : (14.75 \times 100)$
$= 925 : 1475$
$= (925 \div 25) : (1475 \div 25)$
$= 37 : 59$

9 ㉮와 ㉯의 회전수의 비는
$40 : 35 = 8 : 7$입니다. ㉮가 32바퀴를
도는 동안 ㉯의 회전수를 $\square$바퀴라고 하면
$8 : 7 = 32 : \square \Rightarrow 8 \times \square = 7 \times 32$,
$8 \times \square = 224$, $\square = 224 \div 8 = 28$
따라서 ㉮가 32바퀴를 도는 동안 ㉯는 28
바퀴를 돌게 됩니다.
[답] 28바퀴

평가 기준	
상	비례식의 성질을 이용하여 답을 바르게 구한 경우
중	비례식의 성질을 이용하였으나 답이 틀린 경우
하	풀이 과정과 답을 구하지 못한 경우

10 840L

풀이 물통에 채워지지 않은 높이는
$2.5 - 2.1 = 0.4$(m)입니다.
물의 깊이가 2.1m일 때 물통에 담긴 물의
양을 $\square$L라 하면
$0.4 : 160 = 2.1 : \square$
$\Rightarrow 0.4 \times \square = 160 \times 2.1$, $0.4 \times \square = 336$,
$\square = 336 \div 0.4 = 840$
따라서 물의 깊이가 2.1m일 때 물통에 담
긴 물의 양은 840L입니다.

11 3 : 4

풀이 물병 ㉮에 남은 물은 물병 ㉮의 $\frac{2}{3}$,
물병 ㉯에 남은 물은 물병 ㉯의 $\frac{3}{4}$입니다.
$$㉮ \times \frac{2}{3} : ㉯ \times \frac{3}{4} = 2 : 3$$
$$\Rightarrow ㉮ \times \frac{2}{3} \times 3 = ㉯ \times \frac{3}{4} \times 2,$$
$$㉮ \times 2 = ㉯ \times 1\frac{1}{2},$$
$$㉮ : ㉯ = 1\frac{1}{2} : 2 = 3 : 4$$

12 오전 9시 51분

풀이 오늘 오전 7시에서 다음날 오전 10시까지는 27시간입니다.
늦어지는 시간을 □분이라고 하면
$24 : 8 = 27 : □$ ➡ $24 × □ = 8 × 27$
$24 × □ = 216$, $□ = 216 ÷ 24 = 9$
따라서 다음날 오전 10시에 이 시계가 가리키는 시각은 오전 9시 51분입니다.

136a~136b

1 ㉡, ㉢, ㉣, ㉤

2 (1) 8, 9 (2) 9, 10 (3) 8, 9, 10

3 3, 2, 5   4 6, 3, 4

5 7, 6, 3

137a~137b

1 3, 1, 2   2 25, 12, 9

3 38, 42, 45   4 18, 15, 19

5 12, 28, 31

풀이 (삼촌의 나이)=(이모의 나이)+3
$= 28 + 3 = 31$(살)
따라서 세 사람의 나이를 연비로 나타내면
12 : 28 : 31입니다.

6 85, 83, 91

풀이 (수학 점수)=(국어 점수)−2
$= 85 − 2 = 83$(점)
(영어 점수)=(수학 점수)+8
$= 83 + 8 = 91$(점)

138a~138b

1 6, 9, 12 / 10, 15 / 8, 12, 15

2 12, 18 / 6, 9, 12, 15 / 15, 18, 35

3 8, 12, 16, 20 / 10, 15, 20 / 45, 32, 20

4 5, 5, 2 / 35, 10, 16

5 3, 11, 4 / 28, 12, 33, 28

6 10, 9, 10 / 80, 63, 80, 63, 90

139a~139b

1 8 : 36 : 45

풀이
가	:	나	:	다
2	:	9		
		4	:	5

$2 × 4 : 9 × 4 : 9 × 5$
➡ 8 : 36 : 45

2 6 : 10 : 21

풀이
가	:	나	:	다
3	:	5		
2	:			7

$3 × 2 : 5 × 2 : 3 × 7$
➡ 6 : 10 : 21

3 32 : 27 : 12

풀이
가	:	나	:	다
8	:			3
		9	:	4

$8 × 4 : 3 × 9 : 3 × 4$
➡ 32 : 27 : 12

4 (1) 1, 5 / 2, 15 (2) 2, 10, 75

5 24 : 9 : 56

풀이 가 : 나 $= \dfrac{2}{3} : \dfrac{1}{4}$
$= \left(\dfrac{2}{3} × 12\right) : \left(\dfrac{1}{4} × 12\right)$
$= 8 : 3$
가 : 다 $= 0.3 : 0.7$
$= (0.3 × 10) : (0.7 × 10) = 3 : 7$

가	:	나	:	다
8	:	3		
3	:			7

$8 × 3 : 3 × 3 : 8 × 7$
➡ 24 : 9 : 56

6 6

풀이
가	:	나	:	다
3	:			7
		5	:	□

$3 × □ : 7 × 5 : 7 × □$
➡ 18 : 35 : 42
$3 × □ = 18$, $□ = 18 ÷ 3 = 6$

140a~140b

1 8, 12, 15

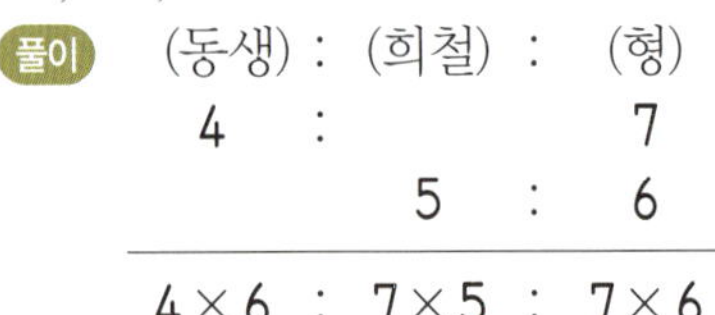

풀이

(지현) :	(정호) :	(민희)
2 :	3	
	4 :	5

2×4 : 3×4 : 3×5

➡ 8 : 12 : 15

2 72, 27, 56

풀이

(가로) : (세로) : (높이)
8 : 3
9 : 7

8×9 : 3×9 : 8×7

➡ 72 : 27 : 56

3 24, 35, 42

풀이

(동생) : (희철) : (형)
4 : 7
5 : 6

4×6 : 7×5 : 7×6

➡ 24 : 35 : 42

4 45, 72, 32

풀이

(아영) : (민호) : (주현)
5 : 8
9 : 4

5×9 : 8×9 : 8×4

➡ 45 : 72 : 32

5 18, 33, 22

풀이

(지수) : (영민) : (정현)
9 : 11
3 : 2

9×2 : 11×3 : 11×2

➡ 18 : 33 : 22

6 56, 21, 40

풀이

(쌀) : (콩) : (보리)
8 : 3
7 : 5

8×7 : 3×7 : 8×5

➡ 56 : 21 : 40

141a~141b

1 (1) 30 (2) 30, 30, 30, 20, 6, 5

2 24, 24, 24, 6, 8, 15

3 10, 10, 10, 9, 22, 4

4 120, 120, 120, 2, 3, 4

5 3, 6, 8, 3, 40, 6, 40, 8, 40, 15, 24, 64

142a~142b

1 15 : 18 : 40

풀이 $\dfrac{5}{8} : \dfrac{3}{4} : 1\dfrac{2}{3}$

$=\dfrac{5}{8} : \dfrac{3}{4} : \dfrac{5}{3}$

$=(\dfrac{5}{8}\times24) : (\dfrac{3}{4}\times24) : (\dfrac{5}{3}\times24)$

$=15 : 18 : 40$

2 5 : 18 : 15

풀이 $0.6 : 2.16 : 1.8$

$=(0.6\times100) : (2.16\times100)$
$\quad : (1.8\times100)$

$=60 : 216 : 180$

$=(60\div12) : (216\div12) : (180\div12)$

$=5 : 18 : 15$

3 21 : 15 : 13

풀이 $84 : 60 : 52$

$=(84\div4) : (60\div4) : (52\div4)$

$=21 : 15 : 13$

4 7 : 2 : 6

풀이 $1\dfrac{2}{5} : 0.4 : 1.2$

$=\dfrac{7}{5} : \dfrac{4}{10} : \dfrac{12}{10}$

$=(\dfrac{7}{5}\times10) : (\dfrac{4}{10}\times10) : (\dfrac{12}{10}\times10)$

$=14 : 4 : 12$

$=(14\div2) : (4\div2) : (12\div2)$

$=7 : 2 : 6$

5 5 : 16 : 10

풀이 $1.25 : 4 : 2\dfrac{1}{2}$

$=1.25 : 4 : 2.5$

$$=(1.25\times100):(4\times100)$$
$$:(2.5\times100)$$
$$=125:400:250$$
$$=(125\div25):(400\div25)$$
$$:(250\div25)$$
$$=5:16:10$$

6 271

풀이 $1.4:\dfrac{3}{8}:5$

$$=\dfrac{14}{10}:\dfrac{3}{8}:5$$

$$=(\dfrac{14}{10}\times40):(\dfrac{3}{8}\times40):(5\times40)$$

$$=56:15:200$$

따라서 ㉠＋㉡＋㉢＝56＋15＋200
＝271입니다.

7 ㉡

풀이 ㉠ $\dfrac{2}{5}:1\dfrac{5}{6}:\dfrac{1}{4}=24:70:15$

㉢ $1.2:\dfrac{2}{3}:0.6=18:10:9$

8 ㉡, ㉢

풀이 ㉠ $45:95:60=9:19:12$
㉣ $7.5:17.5:15=3:7:6$

1 15, 12, 20

풀이 (지수) : (동열) : (선호)

$$=\dfrac{1}{4}:\dfrac{1}{5}:\dfrac{1}{3}$$

$$=(\dfrac{1}{4}\times60):(\dfrac{1}{5}\times60):(\dfrac{1}{3}\times60)$$

$$=15:12:20$$

2 16, 25, 22

풀이 (희주) : (효철) : (현주)
$$=320:500:440$$
$$=(320\div20):(500\div20)$$
$$:(440\div20)$$
$$=16:25:22$$

3 9, 10, 11

풀이 (연필) : (볼펜) : (색연필)
$$=13.5:15:16.5$$

$$=(13.5\times10):(15\times10)$$
$$:(16.5\times10)$$
$$=135:150:165$$
$$=(135\div15):(150\div15)$$
$$:(165\div15)$$
$$=9:10:11$$

4 5, 3, 4

풀이 (진우) : (수정) : (경미)
$$=4500:2700:3600$$
$$=(4500\div900):(2700\div900)$$
$$:(3600\div900)$$
$$=5:3:4$$

5 16, 15, 14

풀이 (정수) : (철호) : (경주)
$$=0.32:0.3:0.28$$
$$=(0.32\times100):(0.3\times100)$$
$$:(0.28\times100)$$
$$=32:30:28$$
$$=(32\div2):(30\div2):(28\div2)$$
$$=16:15:14$$

6 33, 64, 52

풀이 (윗변) : (아랫변) : (높이)

$$=4\dfrac{1}{8}:8:6.5=\dfrac{33}{8}:8:\dfrac{65}{10}$$

$$=(\dfrac{33}{8}\times40):(8\times40)$$

$$:(\dfrac{65}{10}\times40)$$

$$=165:320:260$$
$$=(165\div5):(320\div5):(260\div5)$$
$$=33:64:52$$

1 5, 2000 / 2, 5000

2 (1) 3, 2, 3 / 2, 3, 2
　 (2) 15, 3, 9 / 15, 2, 6

3 30, 18

풀이 가: $48\times\dfrac{5}{(5+3)}=30$

나: $48\times\dfrac{3}{(5+3)}=18$

4 56, 64

풀이 가: $120 \times \dfrac{7}{(7+8)} = 56$

나: $120 \times \dfrac{8}{(7+8)} = 64$

5 70, 280

풀이 가: $350 \times \dfrac{1}{(1+4)} = 70$

나: $350 \times \dfrac{4}{(1+4)} = 280$

6 2080, 1920

풀이 가: $4000 \times \dfrac{13}{(13+12)} = 2080$

나: $4000 \times \dfrac{12}{(13+12)} = 1920$

145a~145b

1 10권, 6권

풀이 (언니) $= 16 \times \dfrac{5}{(5+3)} = 10$(권)

(동생) $= 16 \times \dfrac{3}{(5+3)} = 6$(권)

2 2250원, 750원

풀이 (빵) $= 3000 \times \dfrac{3}{(3+1)} = 2250$(원)

(우유) $= 3000 \times \dfrac{1}{(3+1)} = 750$(원)

3 140mL, 60mL

풀이 (빨간색 물감)

$= 200 \times \dfrac{7}{(7+3)} = 140$(mL)

(흰색 물감) $= 200 \times \dfrac{3}{(7+3)} = 60$(mL)

4 20개, 16개

풀이 (가 모둠) $= 36 \times \dfrac{5}{(5+4)} = 20$(개)

(나 모둠) $= 36 \times \dfrac{4}{(5+4)} = 16$(개)

5 16cm, 18cm

풀이 둘레의 길이가 68cm이므로 가로와 세로의 길이의 합은 $68 \div 2 = 34$(cm)입니다.

(가로) $= 34 \times \dfrac{8}{(8+9)} = 16$(cm)

(세로) $= 34 \times \dfrac{9}{(8+9)} = 18$(cm)

6 800m, 1000m

풀이 두 사람이 달린 거리의 합은 1800m입니다.

(정아) $= 1800 \times \dfrac{4}{(4+5)} = 800$(m)

(도윤) $= 1800 \times \dfrac{5}{(4+5)} = 1000$(m)

146a~146b

1 4, 200 / 1, 4, 400 / 1, 2, 800

2 4, 1, 18 / 3, 1, 24 / 3, 4, 6

3 8, 4, 12

풀이 가: $24 \times \dfrac{2}{(2+1+3)} = 8$

나: $24 \times \dfrac{1}{(2+1+3)} = 4$

다: $24 \times \dfrac{3}{(2+1+3)} = 12$

4 54, 108, 90

풀이 가: $252 \times \dfrac{3}{(3+6+5)} = 54$

나: $252 \times \dfrac{6}{(3+6+5)} = 108$

다: $252 \times \dfrac{5}{(3+6+5)} = 90$

5 500, 1250, 1750

풀이 가 : 나 : 다

$= \dfrac{1}{7} : \dfrac{5}{14} : \dfrac{1}{2}$

$= (\dfrac{1}{7} \times 14) : (\dfrac{5}{14} \times 14) : (\dfrac{1}{2} \times 14)$

$= 2 : 5 : 7$

가: $3500 \times \dfrac{2}{(2+5+7)} = 500$

나: $3500 \times \dfrac{5}{(2+5+7)} = 1250$

다: $3500 \times \dfrac{7}{(2+5+7)} = 1750$

147a~147b

1 27개

> **풀이** (귤)$=54\times\dfrac{3}{(2+1+3)}=27$(개)

2 50장, 40장, 60장

> **풀이** (가 모둠)
> $$=150\times\dfrac{5}{(5+4+6)}=50(장)$$
>
> (나 모둠)$=150\times\dfrac{4}{(5+4+6)}=40$(장)
>
> (다 모둠)$=150\times\dfrac{6}{(5+4+6)}=60$(장)

3 80점, 100점, 60점

> **풀이** (철호)$=240\times\dfrac{4}{(4+5+3)}$
> $$=80(점)$$
>
> (희수)$=240\times\dfrac{5}{(4+5+3)}=100$(점)
>
> (민경)$=240\times\dfrac{3}{(4+5+3)}=60$(점)

4 320개, 240개, 160개

> **풀이** (가 상자)$=720\times\dfrac{4}{(4+3+2)}$
> $$=320(개)$$
>
> (나 상자)$=720\times\dfrac{3}{(4+3+2)}=240$(개)
>
> (다 상자)$=720\times\dfrac{2}{(4+3+2)}=160$(개)

5 24자루, 36자루, 60자루

> **풀이** 연필 10타는 120자루입니다.
>
> (연정)$=120\times\dfrac{2}{(2+3+5)}=24$(자루)
>
> (규현)$=120\times\dfrac{3}{(2+3+5)}=36$(자루)
>
> (현아)$=120\times\dfrac{5}{(2+3+5)}=60$(자루)

6 6250원, 5000원, 3750원

> **풀이** $\dfrac{5}{12}:\dfrac{1}{3}:\dfrac{1}{4}$
> $$=\left(\dfrac{5}{12}\times12\right):\left(\dfrac{1}{3}\times12\right):\left(\dfrac{1}{4}\times12\right)$$
> $$=5:4:3$$

(형)$=15000\times\dfrac{5}{(5+4+3)}=6250$(원)

(나)$=15000\times\dfrac{4}{(5+4+3)}=5000$(원)

(동생)$=15000\times\dfrac{3}{(5+4+3)}=3750$(원)

148a~148b　창의력 학습

a 300, 200, 33

> **풀이** 30분 동안 자동차는 3×30 $=90$(km)를 달리고, 버스는 $120\div2$ $=60$(km)를 달립니다. 경호는 30분 동안 $30\times330=9900$(m)$=9.9$(km)를 달립니다.
> (자동차) : (버스) : (경호)
> $=90:60:9.9$
> $=(90\times10):(60\times10):(9.9\times10)$
> $=900:600:99$
> $=(900\div3):(600\div3):(99\div3)$
> $=300:200:33$

b 14, 11, 8

> **풀이** (첫째)$=540\times\dfrac{2}{(2+3+4)}$
> $$=120(마리)$$
>
> (둘째)$=540\times\dfrac{3}{(2+3+4)}=180$(마리)
>
> (셋째)$=540\times\dfrac{4}{(2+3+4)}=240$(마리)

3년 후 셋째가 160마리를 더 키우게 되었으므로 모두 400마리를 키우게 되었고 삼형제의 돼지 수가 모두 같습니다. 따라서 3년 동안 늘린 돼지 수는 첫째는 280마리, 둘째는 220마리, 셋째는 160마리입니다. 이것을 가장 작은 자연수의 연비로 나타내면

$280:220:160$
$=(280\div20):(220\div20):(160\div20)$
$=14:11:8$

149a~150b　경시대회 예상문제

1 $5:8:4$

> **풀이** 가$\times\dfrac{1}{5}=$나$\times\dfrac{1}{8}=$다$\times\dfrac{1}{4}$

$$가 \times \frac{1}{5} = 나 \times \frac{1}{8}, \quad 가 : 나 = \frac{1}{8} : \frac{1}{5} = 5 : 8$$

$$나 \times \frac{1}{8} = 다 \times \frac{1}{4}, \quad 나 : 다 = \frac{1}{4} : \frac{1}{8} = 8 : 4$$

따라서 가 : 나 : 다 = 5 : 8 : 4입니다.

2 4 : 5 : 25

풀이 $가 = 나 \times \dfrac{4}{5}$,

$$가 : 나 = \frac{4}{5} : 1 = 4 : 5$$

$나 = 다 \times 0.2$, 나 : 다 = 0.2 : 1 = 5 : 25
따라서 가 : 나 : 다 = 4 : 5 : 25입니다.

3 $504cm^2$

풀이 (가로와 세로의 합)
$$= 108 \div 2 = 54(cm)$$

$$(가로) = 54 \times \frac{7}{(7+2)} = 42(cm)$$

$$(세로) = 54 \times \frac{2}{(7+2)} = 12(cm)$$

따라서 직사각형의 넓이는
$42 \times 12 = 504(cm^2)$입니다.

4 320만 원

풀이 (갑) : (을) : (병)
$$= 1000만 : 2000만 : 3000만$$
$$= 1 : 2 : 3$$

$$(을) = 960만 \times \frac{2}{(1+2+3)} = 320만(원)$$

5 은지, 민아, 경아가 만든 별 모양의 개수의
연비를 구합니다.

(은지)	:	(민아)	:	(경아)
5	:	4		
3	:			2
5×3	:	4×3	:	5×2

➡ 15 : 12 : 10

$$(은지) = 555 \times \frac{15}{(15+12+10)} = 225(개)$$

$$(민아) = 555 \times \frac{12}{(15+12+10)} = 180(개)$$

$$(경아) = 555 \times \frac{10}{(15+12+10)} = 150(개)$$

[답] 225개, 180개, 150개

평가 기준	
상	세 사람의 별 모양의 개수의 연비와 답을 바르게 구한 경우
중	세 사람의 별 모양의 개수의 연비는 구했으나 답이 틀린 경우
하	풀이 과정과 답을 구하지 못한 경우

6 32권

풀이 가장 많이 받는 반은 4반이고, 가장
적게 받는 반은 2반입니다.

$$(4반) = 104 \times \frac{5}{(3+1+4+5)} = 40(권)$$

$$(2반) = 104 \times \frac{1}{(3+1+4+5)} = 8(권)$$

따라서 $40 - 8 = 32$(권)입니다.

7 $72cm^2$

풀이 직사각형 가와 나의 세로의 길이가
같으므로 가와 나의 가로의 길이의 비가
가와 나의 넓이의 비가 됩니다. 가와 나의
넓이의 비는 15 : 9 = 5 : 3입니다.

$$가 : 288 \times \frac{5}{(5+3)} = 180(cm^2)$$

$$나 : 288 \times \frac{3}{(5+3)} = 108(cm^2)$$

따라서 가와 나의 넓이의 차는
$180 - 108 = 72(cm^2)$입니다.

8 삼각형 가, 나, 다의 높이는 모두 같으므로
밑변의 연비가 삼각형 가, 나, 다의 넓이의
연비가 됩니다. 가, 나, 다의 밑변의 연비
는 8 : 10 : 12 = 4 : 5 : 6입니다.

$$가 : 360 \times \frac{4}{(4+5+6)} = 96(cm^2)$$

$$나 : 360 \times \frac{5}{(4+5+6)} = 120(cm^2)$$

$$다 : 360 \times \frac{6}{(4+5+6)} = 144(cm^2)$$

[답] $96cm^2$, $120cm^2$, $144cm^2$

평가 기준	
상	삼각형 가, 나, 다의 연비와 답을 바르게 구한 경우
중	삼각형 가, 나, 다의 연비는 구했으나 답이 틀린 경우
하	풀이 과정과 답을 구하지 못한 경우

9 $113:103:84$

풀이 가=나+10, 다=나-19

가+나+다=나+10+나+나-19

　　　　＝나+나+나-9=300

나+나+나=309, 나=103cm

가=103+10=113(cm)

다=103-19=84(cm)

가 : 나 : 다=113:103:84

10 85cm

풀이 직육면체의 가로, 세로, 높이의 연비를 구합니다.

(가로) : (세로) : (높이)

　　5　 :　 2

　　　　　　 4　 :　 3

───────────────

　5×4 : 2×4 : 2×3

➡ 20 : 8 : 6

20×2.5 : 8×2.5 : 6×2.5

➡ 50 : 20 : 15

따라서 가로와 세로, 높이의 합은
50+20+15=85(cm)입니다.

11 26개

풀이 사탕을 옮긴 후에 가, 나, 다 바구니에 들어 있는 사탕 수를 알아보면 다음과 같습니다.

가: $72 \times \dfrac{3}{(3+4+5)} = 18$(개)

나: $72 \times \dfrac{4}{(3+4+5)} = 24$(개)

다: $72 \times \dfrac{5}{(3+4+5)} = 30$(개)

따라서 처음 가 바구니에는
18+8=26(개) 있었습니다.

151a~153b

1 항, 4, 9

2 2, 56 / 7, 16

3 ⑤

4 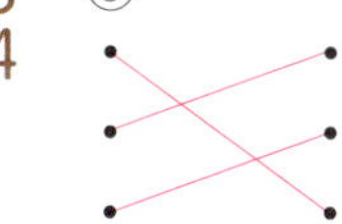

5 9, 4, 9

6 예 $5:3=15:9$

7 5 : 4

8 ㉡

풀이 ㉠ $\dfrac{1}{6} : \dfrac{3}{4} = \left(\dfrac{1}{6} \times 12\right) : \left(\dfrac{3}{4} \times 12\right)$

　　　　　 $= 2 : 9$

㉡ $9.1 : 2.8 = (9.1 \times 10) : (2.8 \times 10)$

　　　　 $= 91 : 28$

　　　　 $= (91 \div 7) : (28 \div 7)$

　　　　 $= 13 : 4$

㉢ $76 : 96 = (76 \div 4) : (96 \div 4)$

　　　　 $= 19 : 24$

9 5 : 7

풀이 ★ $\times 4.2 = $ ● $\times 3$

★ : ● $= 3 : 4.2$

　　　 $= (3 \times 10) : (4.2 \times 10)$

　　　 $= 30 : 42$

　　　 $= (30 \div 6) : (42 \div 6)$

　　　 $= 5 : 7$

10 2 : 1

풀이 (가로) : (세로)

$= 0.8 : \dfrac{2}{5} = \dfrac{8}{10} : \dfrac{2}{5}$

$= \left(\dfrac{8}{10} \times 10\right) : \left(\dfrac{2}{5} \times 10\right)$

$= 8 : 4 = (8 \div 4) : (4 \div 4) = 2 : 1$

11 54 : 65

풀이 (우유) : (주스)

$= 1.8 : 2\dfrac{1}{6} = \dfrac{18}{10} : \dfrac{13}{6}$

$= \left(\dfrac{18}{10} \times 30\right) : \left(\dfrac{13}{6} \times 30\right)$

$= 54 : 65$

12 25 : 9

풀이 (가의 넓이)

$= 2\dfrac{1}{2} \times 2\dfrac{1}{2} = 6\dfrac{1}{4}$ (cm^2)

(나의 넓이)$= 1.5 \times 1.5 = 2.25$ (cm^2)

가 : 나 $= 6\dfrac{1}{4} : 2.25 = \dfrac{25}{4} : \dfrac{225}{100}$

　　 $= \left(\dfrac{25}{4} \times 100\right) : \left(\dfrac{225}{100} \times 100\right)$

　　 $= 625 : 225$

　　 $= (625 \div 25) : (225 \div 25)$

　　 $= 25 : 9$

13 27

풀이 $64 : 54 = 32 : \square$
$64 \times \square = 54 \times 32$, $64 \times \square = 1728$,
$\square = 1728 \div 64 = 27$

14 6.5

풀이 $3.9 : \square = 3 : 5$
$3.9 \times 5 = \square \times 3$, $19.5 = \square \times 3$,
$\square = 19.5 \div 3 = 6.5$

15 ㉡

풀이 ㉠ $0.2 : 1 = \square : 15$
$\Rightarrow 0.2 \times 15 = 1 \times \square$, $\square = 3$

㉡ $\square : 1\dfrac{5}{8} = 8 : 5$

$\Rightarrow \square \times 5 = 1\dfrac{5}{8} \times 8$, $\square \times 5 = 13$,

$\square = 13 \div 5 = 2.6$

따라서 $\square$ 안에 들어갈 수가 더 작은 것은
㉡입니다.

16 16

풀이 외항의 곱과 내항의 곱이 같습니다.
$6 : \bullet = \star : \square$
$\Rightarrow 6 \times \square = 96$, $\square = 96 \div 6 = 16$

17 680g

풀이 바닷물 17L를 증발시켰을 때 얻을
수 있는 소금을 $\square$g이라 하면
$6 : 240 = 17 : \square \Rightarrow 6 \times \square = 240 \times 17$
$6 \times \square = 4080$, $\square = 4080 \div 6 = 680$
따라서 바닷물 17L를 증발시키면 680g
의 소금을 얻을 수 있습니다.

18 6cm

풀이 짧은 도막의 길이를 $\square$cm라고 하면
$2 : 3 = \square : 9 \Rightarrow 2 \times 9 = 3 \times \square$,
$3 \times \square = 18$, $\square = 18 \div 3 = 6$
따라서 짧은 도막은 6cm입니다.

19 40명

풀이 효정이네 반 전체 학생 수를 $\square$명이
라고 하면 $35 : 100 = 14 : \square$
$\Rightarrow 35 \times \square = 100 \times 14$, $35 \times \square = 1400$,
$\square = 1400 \div 35 = 40$
따라서 효정이네 반 전체 학생 수는 40명
입니다.

154a~156b

1 9, 7   **2** 예 $2 : 3 = 10 : 15$

3 16   **4** 예 $3 : 8 = 12 : 32$

5 9, 3, 4

풀이 비례식을 ㉠ $: 12 = $ ㉡ $: $ ㉢이라 하면
㉠ $: 12 \Rightarrow \dfrac{㉠}{12} = \dfrac{3}{4}$ 이므로 ㉠ $= 9$입니다.
$12 \times$ ㉡ $= 36$, ㉡ $= 3$입니다.
$3 :$ ㉢ $\Rightarrow \dfrac{3}{㉢} = \dfrac{3}{4}$ 이므로 ㉢ $= 4$입니다.
따라서 비례식은 $9 : 12 = 3 : 4$입니다.

6 4 : 13

풀이 $0.32 : 1.04$
$= (0.32 \times 100) : (1.04 \times 100)$
$= 32 : 104 = (32 \div 8) : (104 \div 8)$
$= 4 : 13$

7 13

풀이 $4 : \dfrac{8}{15} = (4 \times 15) : \left(\dfrac{8}{15} \times 15\right)$
$= 60 : 8$
$= (60 \div 4) : (8 \div 4)$
$= 15 : 2$
따라서 $15 - 2 = 13$입니다.

8 29 : 45

풀이 (귤 한 상자) : (사과 한 상자)
$= 2\dfrac{9}{10} : 4.5 = 2.9 : 4.5$
$= (2.9 \times 10) : (4.5 \times 10) = 29 : 45$

9 3, 2

풀이 (밑변) : (높이)
$= 3.9 : 2\dfrac{3}{5} = 3.9 : 2.6$
$= (3.9 \times 10) : (2.6 \times 10)$
$= 39 : 26 = (39 \div 13) : (26 \div 13)$
$= 3 : 2$

10 24.2

풀이 $2\dfrac{3}{4} \times 44 = \square \times 5$, $121 = \square \times 5$
$\square = 121 \div 5 = 24.2$

11 8, 14

풀이 외항의 곱과 내항의 곱은 같습니다.

$4 : 7 = ㉠ : ㉡$
➡ $4 × ㉡ = 56$, $㉡ = 14$
  $7 × ㉠ = 56$, $㉠ = 8$
따라서 $4 : 7 = 8 : 14$입니다.

12 26

풀이 $□ : 1 = 6 : \dfrac{2}{3}$ ➡ $□ × \dfrac{2}{3} = 1 × 6$,

$□ × \dfrac{2}{3} = 6$, $□ = 6 ÷ \dfrac{2}{3} = 9$

$0.6 : 3.4 = 3 : □$ ➡ $0.6 × □ = 3.4 × 3$,
$0.6 × □ = 10.2$, $□ = 10.2 ÷ 0.6 = 17$
따라서 $9 + 17 = 26$입니다.

13 3

풀이 $18 × 2 = (11 - □) × 4.5$,
$36 = (11 - □) × 4.5$,
$36 ÷ 4.5 = 11 - □$,
$11 - □ = 8$, $□ = 11 - 8 = 3$

14 7

풀이 외항의 곱과 내항의 곱은 같습니다.
$14 : ● = ★ : □$
➡ $14 × □ = 98$, $□ = 98 ÷ 14 = 7$

15 7 : 9

풀이 두 톱니바퀴의 회전 수의 비는
㉮ : ㉯ $= 28 : 36 = (28 ÷ 4) : (36 ÷ 4)$
      $= 7 : 9$

16 28장

풀이 두현이가 가지고 있는 붙임 딱지를
$□$장이라고 하면
$8 : 7 = 32 : □$, $8 × □ = 7 × 32$,
$8 × □ = 224$, $□ = 224 ÷ 8 = 28$
따라서 두현이가 가지고 있는 붙임 딱지는
28장입니다.

17 120만 원

풀이 20일 동안 일하고 받을 수 있는 돈
을 $□$원이라고 하면
$5 : 300000 = 20 : □$
➡ $5 × □ = 300000 × 20$,
$5 × □ = 6000000$,
$□ = 6000000 ÷ 5 = 1200000$
따라서 20일 동안 일하고 받을 수 있는 돈
은 1200000원입니다.

18 36문제

풀이 1시간 30분은 90분입니다.
1시간 30분 동안 $□$문제를 풀 수 있다고
하면 $5 : 2 = 90 : □$ ➡ $5 × □ = 2 × 90$,
$5 × □ = 180$, $□ = 180 ÷ 5 = 36$
따라서 1시간 30분 동안 푼다면 36문제까
지 풀 수 있습니다.

157a~159b

1 ④   **2** 3, 5, 4

3 34, 45, 42

4 5, 7, 3 / 27, 15, 35, 27

5 24, 28, 63

풀이
가	:	나	:	다
6	:	7		
		4	:	9

$6 × 4 : 7 × 4 : 7 × 9$
➡ $24 : 28 : 63$

6 21, 30, 35

풀이
(석호) : (미진) : (정철)
    3 :   : 5
       :   6   : 7

$3 × 7 : 5 × 6 : 5 × 7$
➡ $21 : 30 : 35$

7 30

풀이 세 분모 6, 5, 3의 최소공배수인 30
을 곱해야 합니다.

8 70, 70, 70, 6, 4, 5

9 12 : 35 : 24

풀이 $0.8 : 2\dfrac{1}{3} : 1.6$

$= \dfrac{8}{10} : \dfrac{7}{3} : \dfrac{16}{10}$

$= \left(\dfrac{8}{10} × 30\right) : \left(\dfrac{7}{3} × 30\right) :$
   $\left(\dfrac{16}{10} × 30\right)$

$= 24 : 70 : 48$
$= (24 ÷ 2) : (70 ÷ 2) : (48 ÷ 2)$
$= 12 : 35 : 24$

10 214

풀이

$$\frac{5}{9} : 3 : 1.2 = \frac{5}{9} : 3 : \frac{12}{10}$$

$$= (\frac{5}{9} \times 90) : (3 \times 90) : (\frac{12}{10} \times 90)$$

$$= 50 : 270 : 108$$

$$= (50 \div 2) : (270 \div 2) : (108 \div 2)$$

$$= 25 : 135 : 54$$

따라서 ㉠＋㉡＋㉢＝25＋135＋54
＝214입니다.

11 ㉢

풀이 ㉠ $\dfrac{1}{2} : 1\dfrac{3}{8} : \dfrac{1}{4} = 4 : 11 : 2$

㉡ $1.6 : 3.6 : 0.4 = 4 : 9 : 1$

12 14, 11, 12

풀이 $21 : 16.5 : 18$

$$= (21 \times 10) : (16.5 \times 10)$$
$$: (18 \times 10)$$
$$= 210 : 165 : 180$$
$$= (210 \div 15) : (165 \div 15)$$
$$: (180 \div 15)$$
$$= 14 : 11 : 12$$

13 75, 90

풀이 가: $165 \times \dfrac{5}{(5+6)} = 75$

나: $165 \times \dfrac{6}{(5+6)} = 90$

14 3600원, 2000원

풀이 (형)＝$5600 \times \dfrac{9}{(9+5)} = 3600$(원)

(나)＝$5600 \times \dfrac{5}{(9+5)} = 2000$(원)

15 30cm, 12cm

풀이 (가로와 세로의 합)
＝$84 \div 2 = 42$(cm)

(가로)＝$42 \times \dfrac{5}{(5+2)} = 30$(cm)

(세로)＝$42 \times \dfrac{2}{(5+2)} = 12$(cm)

16 30개, 40개, 50개

풀이 (가 모둠)
＝$120 \times \dfrac{3}{(3+4+5)} = 30$(개)

(나 모둠)＝$120 \times \dfrac{4}{(3+4+5)} = 40$(개)

(다 모둠)＝$120 \times \dfrac{5}{(3+4+5)} = 50$(개)

17 98개, 70개, 56개

풀이 (1반)＝$224 \times \dfrac{7}{(7+5+4)} = 98$(개)

(2반)＝$224 \times \dfrac{5}{(7+5+4)} = 70$(개)

(3반)＝$224 \times \dfrac{4}{(7+5+4)} = 56$(개)

18 6000원, 7200원, 4800원

풀이 $\dfrac{1}{3} : \dfrac{2}{5} : \dfrac{4}{15}$

$$= (\dfrac{1}{3} \times 15) : (\dfrac{2}{5} \times 15) : (\dfrac{4}{15} \times 15)$$

$$= 5 : 6 : 4$$

(형)＝$18000 \times \dfrac{5}{(5+6+4)} = 6000$(원)

(나)＝$18000 \times \dfrac{6}{(5+6+4)} = 7200$(원)

(동생)＝$18000 \times \dfrac{4}{(5+6+4)} = 4800$(원)

160a~162b

1 6, 4, 5   **2** 8, 7, 9

3 12 / 14, 21 / 10, 12, 21

4 18 : 35 : 15

풀이

가	:	나	:	다
6	:		:	5
		7	:	3

$$6 \times 3 : 5 \times 7 : 5 \times 3$$
➡ $18 : 35 : 15$

5 60 : 25 : 24

풀이 가 : 나 ＝ $\dfrac{4}{5} : \dfrac{1}{3}$

$$= (\dfrac{4}{5} \times 15) : (\dfrac{1}{3} \times 15)$$

$$= 12 : 5$$

가 : 다 ＝ $0.5 : 0.2$
$$= (0.5 \times 10) : (0.2 \times 10) = 5 : 2$$

가 : 나 : 다
12 : 5
5 : 2
—————————————————
$12 \times 5 : 5 \times 5 : 12 \times 2$
➡ 60 : 25 : 24

6 8, 18, 27

풀이 (진주) : (현규) : (만호)
4 : 9
2 : 3
—————————————————
$4 \times 2 : 9 \times 2 : 9 \times 3$
➡ 8 : 18 : 27

7 4

풀이 가 : 나 : 다
8 : 9
□ : 3
—————————————————
$8 \times □ : 9 \times □ : 27$
➡ 32 : 36 : 27
$8 \times □ = 32, □ = 32 \div 8 = 4$

8 28 : 21 : 20

풀이 가 $\times 3 =$ 나 $\times 4$ ➡ 가 : 나 $= 4 : 3$,
가 $\times 5 =$ 다 $\times 7$ ➡ 가 : 다 $= 7 : 5$
가 : 나 : 다
4 : 3
7 : 5
—————————————————
$4 \times 7 : 3 \times 7 : 4 \times 5$
➡ 28 : 21 : 20

9 5 : 4 : 6

풀이 80 : 64 : 96
$= (80 \div 16) : (64 \div 16) : (96 \div 16)$
$= 5 : 4 : 6$

10 19 : 12 : 24

풀이 $2\frac{3}{8} : 1.5 : 3 = \frac{19}{8} : \frac{15}{10} : 3$
$= (\frac{19}{8} \times 40) : (\frac{15}{10} \times 40) : (3 \times 40)$
$= 95 : 60 : 120$
$= (95 \div 5) : (60 \div 5) : (120 \div 5)$
$= 19 : 12 : 24$

11 ㉡, ㉣

풀이 ㉠ 26 : 65 : 52
$= (26 \div 13) : (65 \div 13)$
$: (52 \div 13)$
$= 2 : 5 : 4$
㉢ $\frac{1}{2} : 1\frac{1}{4} : 7.5 = \frac{1}{2} : \frac{5}{4} : \frac{75}{10}$
$= (\frac{1}{2} \times 20) : (\frac{5}{4} \times 20) : (\frac{75}{10} \times 20)$
$= 10 : 25 : 150$
$= (10 \div 5) : (25 \div 5) : (150 \div 5)$
$= 2 : 5 : 30$

12 4, 5, 10

풀이 (준희) : (병진) : (동영)
$= \frac{1}{5} : \frac{1}{4} : \frac{1}{2}$
$= (\frac{1}{5} \times 20) : (\frac{1}{4} \times 20) : (\frac{1}{2} \times 20)$
$= 4 : 5 : 10$

13 9, 5, 7

풀이 (유리) : (성호) : (수지)
$= 360 : 200 : 280$
$= (360 \div 40) : (200 \div 40)$
$: (280 \div 40)$
$= 9 : 5 : 7$

14 10개, 6개

풀이 (태영) $= 16 \times \dfrac{5}{(5+3)} = 10$(개)

(연호) $= 16 \times \dfrac{3}{(5+3)} = 6$(개)

15 20개, 25개

풀이 (진희네 모둠) $= 45 \times \dfrac{4}{(4+5)}$
$= 20$(개)

(정수네 모둠) $= 45 \times \dfrac{5}{(4+5)} = 25$(개)

16 1200원

풀이 형과 동생에게 나누어 줄 돈은
$5000 - 2000 = 3000$(원)입니다.

(동생) $= 3000 \times \dfrac{2}{(3+2)} = 1200$(원)

17 135, 81, 108

풀이 가: $324 \times \dfrac{5}{(5+3+4)} = 135$

나: $324 \times \dfrac{3}{(5+3+4)} = 81$

다: $324 \times \dfrac{4}{(5+3+4)} = 108$

18 24개

풀이 (노란색 그릇)

$$= 72 \times \dfrac{3}{(4+2+3)} = 24(개)$$

19 30자루, 18자루, 36자루

풀이 연필 7타는 84자루입니다.

(지수) $= 84 \times \dfrac{5}{(5+3+6)} = 30$(자루)

(소정) $= 84 \times \dfrac{3}{(5+3+6)} = 18$(자루)

(민아) $= 84 \times \dfrac{6}{(5+3+6)} = 36$(자루)

163a~163b 창의력 학습

a 25 : 18

풀이 (녹차 호떡) $\times \dfrac{3}{5} =$ (찹쌀 호떡) $\times \dfrac{5}{6}$

(녹차 호떡) : (찹쌀 호떡)

$$= \dfrac{5}{6} : \dfrac{3}{5} = \left(\dfrac{5}{6} \times 30\right) : \left(\dfrac{3}{5} \times 30\right)$$

$$= 25 : 18$$

b 40000원, 24000원

풀이 삼형제의 이자의 합을 $\square$원이라 하면

$\square \times \dfrac{6}{(6+5+3)} = 48000$, $\square = 112000$

(나의 이자) $= 112000 \times \dfrac{5}{(6+5+3)}$

$$= 40000(원)$$

(동생의 이자) $= 112000 \times \dfrac{3}{(6+5+3)}$

$$= 24000(원)$$

164a~165b 경시대회 예상문제

1 90 : 77

풀이 ㉮ $\times 2.2 =$ ㉯ $2\dfrac{4}{7}$,

㉮ : ㉯ $= 2\dfrac{4}{7} : 2.2 = \dfrac{18}{7} : \dfrac{22}{10}$

$$= \left(\dfrac{18}{7} \times 70\right) : \left(\dfrac{22}{10} \times 70\right)$$

$$= 180 : 154$$

$$= (180 \div 2) : (154 \div 2) = 90 : 77$$

2 1920cm^2

풀이 직사각형의 세로를 $\square$cm라 하면

$5\dfrac{5}{8} : 3 = 60 : \square$ ➡ $5\dfrac{5}{8} \times \square = 3 \times 60$,

$5\dfrac{5}{8} \times \square = 180$, $\square = 180 \div 5\dfrac{5}{8} = 32$

따라서 직사각형의 넓이는

$60 \times 32 = 1920(cm^2)$입니다.

3 ㉮와 ㉯의 회전수의 비는

$24 : 36 = 2 : 3$입니다. ㉯가 30바퀴를 도는 동안 ㉮의 회전수를 $\square$바퀴라고 하면

$2 : 3 = \square : 30$ ➡ $3 \times \square = 2 \times 30$,

$3 \times \square = 60$, $\square = 60 \div 3 = 20$

따라서 ㉯가 30바퀴를 도는 동안 ㉮는 20바퀴 돌게 됩니다.

[답] 20바퀴

평가 기준	
상	비례식의 성질을 이용하여 답을 바르게 구한 경우
중	비례식의 성질을 이용하였으나 답이 틀린 경우
하	풀이 과정과 답을 구하지 못한 경우

4 7 : 16

풀이 삼각형과 사다리꼴의 높이를 $\square$cm라 하면 (삼각형의 넓이) $= 7 \times \square \div 2$

(사다리꼴의 넓이) $= (6+10) \times \square \div 2$

$$= 16 \times \square \div 2$$

따라서 삼각형과 사다리꼴의 넓이의 비는

$(7 \times \square \div 2) : (16 \times \square \div 2) = 7 : 16$입니다.

5 8 : 5

풀이 (준우의 남은 돈)

$$= (준우가 가진 돈) \times \dfrac{1}{3}$$

(정현이의 남은 돈) $=$ (정현이가 가진 돈) $\times \dfrac{4}{5}$

(준우가 가진 돈) $\times \dfrac{1}{3}$:

(정현이가 가진 돈) $\times \dfrac{4}{5} = 2 : 3$

(준우가 가진 돈) $\times \dfrac{1}{3} \times 3$

$=$(정현이가 가진 돈)$\times \dfrac{4}{5} \times 2$

(준우가 가진 돈)

$=$(정현이가 가진 돈)$\times \dfrac{8}{5}$

(준우가 가진 돈) : (정현이가 가진 돈)

$=\dfrac{8}{5} : 1 = 8 : 5$

6 오후 9시 9분

풀이 오늘 오전 9시에서 다음날 오후 9시 까지는 36시간입니다.
빨라지는 시간을 $\square$분이라고 하면
$24 : 6 = 36 : \square$, $24 \times \square = 6 \times 36$
$24 \times \square = 216$, $\square = 216 \div 24 = 9$
따라서 다음날 오후 9시에 이 시계가 가리키 는 시각은 오후 9시 9분입니다.

7 $4 : 6 : 9$

풀이 가 : 다 $= \dfrac{1}{3} : \dfrac{3}{4} = 4 : 9$

나 : 다 $= \dfrac{3}{5} : 0.9 = 2 : 3$

가	:	나	:	다
4	:			9
		2	:	3
12	:	18	:	27

➡ $4 : 6 : 9$

8 소연, 지윤, 정화가 만든 꽃 모양의 개수의 연비를 구합니다.

(소연)	:	(지윤)	:	(정화)
3	:	4		
		3	:	5
3×3	:	4×3	:	4×5

➡ $9 : 12 : 20$

(소연)$=164 \times \dfrac{9}{(9+12+20)} = 36$(개)

(지윤)$=164 \times \dfrac{12}{(9+12+20)} = 48$(개)

(정화)$=164 \times \dfrac{20}{(9+12+20)} = 80$(개)

[답] 36개, 48개, 80개

평가 기준	
상	세 사람이 만든 꽃 모양의 개수의 연비와 답을 바르게 구한 경우
중	세 사람이 만든 꽃 모양의 개수의 연비는 구했으나 답이 틀린 경우
하	풀이 과정과 답을 구하지 못한 경우

9 169자루

풀이 팔린 연필과 볼펜의 수의 합을 $\square$자루 라 하면

$\square \times \dfrac{6}{(6+7)} = 78$, $\square = 78 \div \dfrac{6}{13} = 169$

입니다. 따라서 팔린 연필과 볼펜은 모두 169자루입니다.

10 18개

풀이 가장 많이 받는 사람은 지아이고, 가 장 적게 받는 사람은 홍철입니다.

(지아)$=84 \times \dfrac{5}{(2+4+3+5)} = 30$(개)

(홍철)$=84 \times \dfrac{2}{(2+4+3+5)} = 12$(개)

따라서 $30 - 12 = 18$(개)입니다.

11 20160cm^3

풀이

(가로)	:	(세로)	:	(높이)
6	:	5		
4	:			7
24	:	20	:	42

따라서 직육면체의 부피는
$24 \times 20 \times 42 = 20160(\text{cm}^3)$입니다.

12 5100만 원

풀이 이익금을 $\square$원이라고 하면

$\square \times \dfrac{4억}{(4억+3억)} = 6800만$

$\square = 1억 1900만$
(나 회사의 이익금)

$= 1억 1900만 \times \dfrac{3억}{(4억+3억)}$

$= 5100만$ (원)

166a~167b

1 ㉡

2 $1\dfrac{2}{5}$

3 $20, 9, 20, 9, \dfrac{20}{9}, 2\dfrac{2}{9}$

4

$\dfrac{5}{6}$	$\dfrac{3}{4}$	$1\dfrac{1}{9}$
$\dfrac{8}{9}$	$\dfrac{7}{12}$	$1\dfrac{11}{21}$
$\dfrac{15}{16}$	$1\dfrac{2}{7}$	

5 $17\dfrac{1}{2}$

6 $1\dfrac{2}{5}$

7 $<$

8 $4\dfrac{2}{5}$, $2\dfrac{1}{60}$

9 $3\dfrac{1}{21}$

풀이 가장 큰 분수: $3\dfrac{3}{7}$

가장 작은 분수: $1\dfrac{1}{8}$

$$3\dfrac{3}{7} \div 1\dfrac{1}{8} = \dfrac{24}{7} \div \dfrac{9}{8} = \dfrac{24}{7} \times \dfrac{8}{9} = 3\dfrac{1}{21}$$

10 $\dfrac{5}{9}$m

11 $2\dfrac{2}{3}$배

12 14개

13 $\dfrac{49}{160}$

풀이 어떤 수를 $\square$라 하면

$\square \times 1\dfrac{5}{7} = \dfrac{9}{10}$,

$\square = \dfrac{9}{10} \div 1\dfrac{5}{7} = \dfrac{9}{10} \div \dfrac{12}{7}$

$= \dfrac{9}{10} \times \dfrac{7}{12} = \dfrac{21}{40}$

따라서 바르게 계산하면

$\dfrac{21}{40} \div 1\dfrac{5}{7} = \dfrac{21}{40} \div \dfrac{12}{7} = \dfrac{21}{40} \times \dfrac{7}{12} = \dfrac{49}{160}$
입니다.

168a~169b

1 26

2 23

3 2.9, 2862, 2862

4 3.7

5 $>$

6 5.2

풀이 $\square \times 1.68 = 8.736$
$\square = 8.736 \div 1.68 = 5.2$

7 ㉢, ㉡, ㉠, ㉣

8 15⋯2.7 / 4.3×15+2.7=67.2

9 511, 0.3 / 51, 0.1 / 5, 0.08

10 2.2

11 5분

12 64개, 0.9m

풀이 $90.5 \div 1.4 = 64 \cdots 0.9$
따라서 상자를 64개까지 묶을 수 있고 남는 끈은 0.9m입니다.

13 약 44.84g

풀이 3m 12cm = 3.12m
(철사 1m의 무게) = 139.89 ÷ 3.12
$= 44.836 \cdots$ (g)
➡ 44.84(g)

170a~170b

1 가, 마, 아

2 다, 바

3 면 ㄱㄴㄷ, 면 ㄹㅁㅂ
/ 면 ㄱㄹㅁㄴ, 면 ㄴㅁㅂㄷ, 면 ㄱㄹㅂㄷ

4 육각기둥

5 오각형, 삼각형

6 (위에서부터) 4, 6, 12, 8 / 6, 7, 12, 7

풀이 (사각기둥의 면의 수)
= (한 밑면의 변의 수) + 2 = 4 + 2 = 6(개)
(사각기둥의 모서리의 수)
= (한 밑면의 변의 수) × 3 = 4 × 3 = 12(개)
(사각기둥의 꼭짓점의 수)
= (한 밑면의 변의 수) × 2 = 4 × 2 = 8(개)
(육각뿔의 면의 수)
= (밑면의 변의 수) + 1 = 6 + 1 = 7(개)
(육각뿔의 모서리의 수)
= (밑면의 변의 수) × 2 = 6 × 2 = 12(개)
(육각뿔의 꼭짓점의 수)
= (밑면의 변의 수) + 1 = 6 + 1 = 7(개)

7 사각뿔

171a~171b

1 9개

2 가, 1개

3 7개

4 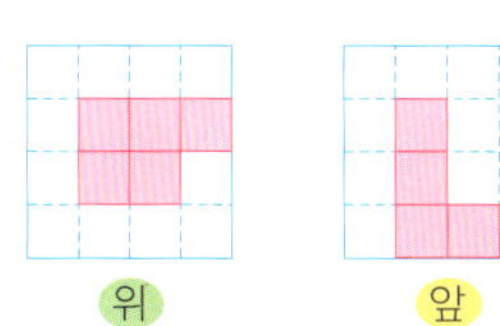 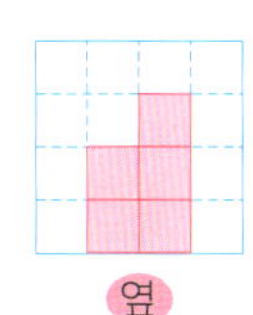

5 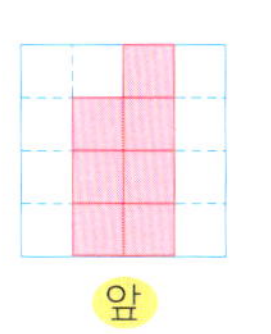 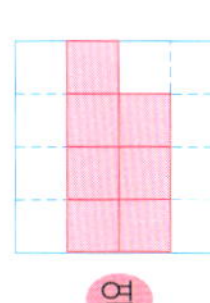

6  

172a~172b

1 34.54cm　　　**2** 113.04cm^2

3 942cm

풀이 굴렁쇠를 한 바퀴 굴린 거리는 굴렁쇠의 원주와 같습니다.
(굴렁쇠가 움직인 거리)
$= 30 \times 2 \times 3.14 \times 5 = 942\,(\text{cm})$

4 100.48cm^2

풀이 색칠한 부분의 넓이는 반지름이 8cm인 반원의 넓이와 같습니다.
(색칠한 부분의 넓이)
$= 8 \times 8 \times 3.14 \times \dfrac{1}{2} = 100.48\,(\text{cm}^2)$

5 ㉡, ㉢, ㉣, ㉠

풀이 ㉠ (원의 넓이) $= 7 \times 7 \times 3.14$
$= 153.86\,(\text{cm}^2)$
㉡ (원의 넓이) $= 9 \times 9 \times 3.14$
$= 254.34\,(\text{cm}^2)$
㉣ (반지름) $= 47.1 \div 3.14 \div 2 = 7.5\,(\text{cm})$
(원의 넓이) $= 7.5 \times 7.5 \times 3.14$
$= 176.625\,(\text{cm}^2)$
따라서 넓이가 넓은 원부터 차례로 쓰면
㉡, ㉢, ㉣, ㉠입니다.

6 50.24cm, 50.24cm^2

풀이 (둘레) $= 8 \times 2 \times 3.14 \times \dfrac{1}{2}$
$+ 4 \times 3.14 \times \dfrac{1}{2}$
$+ 12 \times 3.14 \times \dfrac{1}{2}$
$= 50.24\,(\text{cm})$
(넓이) $= 2 \times 2 \times 3.14 \times \dfrac{1}{2} + 8 \times 8 \times 3.14$
$\times \dfrac{1}{2} - 6 \times 6 \times 3.14 \times \dfrac{1}{2}$
$= 50.24\,(\text{cm}^2)$

173a~173b

1 (위에서부터) 8, 4, 12, 10, 6, 40
/ 20, 10, 30, 25, 15, 100

풀이 (운동) $= \dfrac{8}{40} \times 100 = 20\,(\%)$

(독서) $= \dfrac{4}{40} \times 100 = 10\,(\%)$

(컴퓨터) $= \dfrac{12}{40} \times 100 = 30\,(\%)$

(음악 감상) $= \dfrac{10}{40} \times 100 = 25\,(\%)$

(기타) $= \dfrac{6}{40} \times 100 = 15\,(\%)$

2 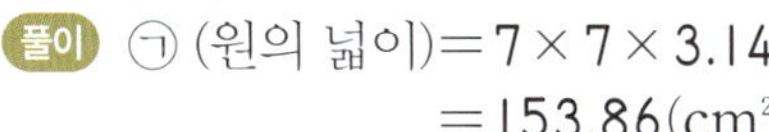

3 1.25배　　　**4** 영어

5 5%

6 (위에서부터) 48, 36, 60, 42, 54
/ 20, 15, 25, 17.5, 22.5

풀이 (국어) $= 240 \times \dfrac{20}{100} = 48\,(\text{명})$

(수학) $= 240 \times \dfrac{15}{100} = 36\,(\text{명})$

(영어) $= 240 \times \dfrac{25}{100} = 60\,(\text{명})$

(과학) $= 240 \times \dfrac{17.5}{100} = 42\,(\text{명})$

(기타) $= 240 \times \dfrac{22.5}{100} = 54\,(\text{명})$

174a~175b

1 7, 4 **2** 15, 9

3 (예) $3 : 8 = 15 : 40$

4 ㄹ **5** 4 : 1

6 104 : 81

풀이 (삼각형의 넓이)
$$= 8 \times 6.5 \div 2 = 26 (\text{cm}^2)$$

(정사각형의 넓이)
$$= 4.5 \times 4.5 = 20.25 (\text{cm}^2)$$

$$26 : 20.25 = (26 \times 100) : (20.25 \times 100)$$
$$= 2600 : 2025$$
$$= (2600 \div 25) : (2025 \div 25)$$
$$= 104 : 81$$

7 ㄴ, ㄷ

8 5

풀이 $2.5 : \square = 4 : 8$ ➡ $2.5 \times 8 = \square \times 4$,
$20 = \square \times 4$, $\square = 20 \div 4 = 5$

9 ㄱ

풀이 ㄱ $3 : \square = 18 : 24$
➡ $3 \times 24 = \square \times 18$,
$72 = \square \times 18$, $\square = 72 \div 18 = 4$

ㄴ $\square : 1.25 = 8 : 9$
➡ $\square \times 9 = 1.25 \times 8$, $\square \times 9 = 10$
$\square = 10 \div 9 = 1\frac{1}{9}$

ㄷ $0.6 : 1 = \square : 5$
➡ $0.6 \times 5 = 1 \times \square$, $\square = 3$

ㄹ $1\frac{1}{5} : 2.4 = 1 : \square$

➡ $1\frac{1}{5} \times \square = 2.4 \times 1$, $1\frac{1}{5} \times \square = 2.4$

$\square = 2.4 \div 1\frac{1}{5} = 2$

10 7, 200

풀이 $0.14 : 4 = \blacksquare : \bullet$
➡ $4 \times \blacksquare = 28$, $0.14 \times \bullet = 28$
$\blacksquare = 28 \div 4 = 7$, $\bullet = 28 \div 0.14 = 200$

11 80cm

풀이 세로를 $\square$cm라 하면
$3 : 2 = 120 : \square$ ➡ $3 \times \square = 2 \times 120$,
$3 \times \square = 240$, $\square = 240 \div 3 = 80$
따라서 세로는 80cm입니다.

12 144km

풀이 1시간 30분 동안에 가는 거리를 $\square$ km라 하면 $20 : 32 = 90 : \square$
➡ $20 \times \square = 32 \times 90$, $20 \times \square = 2880$,
$\square = 2880 \div 20 = 144$
따라서 1시간 30분 동안에는 144km를 갈 수 있습니다.

13 40명

풀이 호서네 반 전체 학생 수를 $\square$명이라고 하면 $55 : 100 = 22 : \square$
➡ $55 \times \square = 100 \times 22$, $55 \times \square = 2200$,
$\square = 2200 \div 55 = 40$
따라서 호서네 반 전체 학생 수는 40명입니다.

176a~177b

1 ㄷ **2** 6 : 35 : 14

3 20 : 15 : 18 **4** 50 : 21 : 15

5 4 : 20 : 3 **6** 10 : 15 : 13

7 28kg, 20kg

8 24개, 28개

풀이 (형운이네 모둠)
$$= 52 \times \frac{6}{(6+7)} = 24 (\text{개})$$

(정준이네 모둠)
$$= 52 \times \frac{7}{(6+7)} = 28 (\text{개})$$

9 900원

풀이 (지민) $= 4500 \times \frac{3}{(3+2)}$
$$= 2700 (\text{원})$$

(희정) $= 4500 \times \frac{2}{(3+2)} = 1800 (\text{원})$

(차) $= 2700 - 1800 = 900 (\text{원})$

10 48cm

11 165000원

풀이 (갑) $= 45$만 $\times \frac{11}{(11+13+16)}$
$$= 165000 (\text{원})$$

12 96자루

풀이 (연필 18타)$=18\times12=216$(자루)

(다 모둠)$=216\times\dfrac{8}{(3+7+8)}=96$(자루)

178a~178b 창의력 학습

a 28명

풀이 전체 제자를 1이라 하면 여자인 제자는 전체 제자의

$1-\left(\dfrac{1}{2}+\dfrac{1}{4}+\dfrac{1}{7}\right)=\dfrac{3}{28}$입니다.

따라서 여자인 제자가 3명이므로

전체 제자는 $3\div\dfrac{3}{28}=28$(명)입니다.

b 3024m²

풀이 무와 양파를 심은 땅의 넓이는 땅 전체 넓이의 $100\%-40\%=60\%$이므로

$8400\times\dfrac{60}{100}=5040$(m²)입니다.

따라서 무를 심은 땅의 넓이는

$5040\times\dfrac{3}{(3+2)}=3024$(m²)입니다.

179a~180b 경시대회 예상문제

1 $1\dfrac{9}{16}$cm

풀이 (삼각형의 넓이)

$=5\dfrac{1}{3}\times3\dfrac{3}{4}\div2=10$(cm²)

(직사각형의 세로)

$=10\div6\dfrac{2}{5}=1\dfrac{9}{16}$(cm)

2 5.56

풀이 어떤 수를 □라 하면

□$\div3.8=2.15\cdots0.17$,

□$=3.8\times2.15+0.17=8.34$

$8.34\div1.5=5.56$

3 (배 28개)+(상자)$=11.6$kg

(배 19개)$=11.6-3.1=8.5$(kg)

(배 한 개의 무게)$=8.5\div19$

$=0.447\cdots\cdots$(kg)

➡ 0.45(kg)

[답] 약 0.45kg

평가 기준	
상	배 19개의 무게를 구하고 답을 바르게 구한 경우
중	배 19개의 무게는 구했으나 답이 틀린 경우
하	풀이 과정과 답을 구하지 못한 경우

4 6개

풀이 꼭짓점의 수가 9개인 각뿔은 팔각뿔입니다. 밑면의 모양이 팔각형이므로 팔각기둥의 꼭짓점의 수와 면의 수의 차는 $8\times2-(8+2)=6$(개)입니다.

5 45cm

풀이 (오각뿔의 모서리의 길이의 합)

$=6\times5+3\times5=45$(cm)

6 2개

풀이 최대일 때

3	2
2	2
	1

최소일 때

3	1
1	2
	1

(최대로 사용할 때 쌓기나무의 수)

$=3+2+2+2+1=10$(개)

(최소로 사용할 때 쌓기나무의 수)

$=3+1+1+2+1=8$(개)

따라서 $10-8=2$(개)입니다.

7 49.12cm

풀이 필요한 끈의 길이는 원의 지름의 3배와 원주의 합입니다.

$4\times2\times3+4\times2\times3.14=49.12$(cm)

8 96명

풀이 장래 희망이 운동 선수인 학생 120명이 25%이므로 전체 학생 수는

$120\div\dfrac{25}{100}=480$(명)입니다.

따라서 장래 희망이 과학자인 학생은

$480\times\dfrac{20}{100}=96$(명)입니다.

9 가$\times\dfrac{2}{5}=$나$\times\dfrac{3}{8}$,

가 : 나 $=\dfrac{3}{8}:\dfrac{2}{5}=\left(\dfrac{3}{8}\times40\right):\left(\dfrac{2}{5}\times40\right)$

$=15:16$

[답] 15 : 16

평가 기준	
상	비례식의 성질을 이용하여 답을 바르게 구한 경우
중	비례식의 성질을 이용하였으나 답이 틀린 경우
하	풀이 과정과 답을 구하지 못한 경우

10 1200L

풀이 물통에 채워지지 않은 높이는
$3-2.5=0.5$(m)입니다.
물의 깊이가 2.5m일 때 물통에 담긴 물의
양을 $\square$L라 하면
$0.5:240=2.5:\square$
➡ $0.5\times\square=240\times2.5$, $0.5\times\square=600$,
$\square=600\div0.5=1200$
따라서 물의 깊이가 2.5m일 때 물통에 담긴 물의 양은 1200L입니다.

11 48개

풀이 형에게 준 사탕을 $\square$개라 하면
$5:4=\square:16$ ➡ $5\times16=4\times\square$,
$80=4\times\square$, $\square=80\div4=20$
따라서 현규가 처음에 가지고 있던 사탕은
$12+20+16=48$(개)입니다.

12 126개

풀이

(누나)	:	(나)	:	(동생)
3	:	4		
4	:			3
3×4	:	4×4	:	3×3

➡ $12:16:9$

(내가 만든 종이배의 수)
$=666\times\dfrac{16}{(12+16+9)}=288$(개)
(동생이 만든 종이배의 수)
$=666\times\dfrac{9}{(12+16+9)}=162$(개)
(차)$=288-162=126$(개)

J3 종료 테스트

1 24, 60   **2** <

3 $7\dfrac{1}{3}$km

4 18…1.2 / $5.2\times18+1.2=94.8$

5 31.9   **6** 7개

7 오각뿔   **8** 6, 8, 18, 12

9 11개   **10** 7개

11 69.66cm^2

12 3256m

풀이 (운동장의 둘레)
$=40\times3.14+100\times2$
$=325.6$(m)
(운성이가 뛴 거리)
$=325.6\times2\times5=3256$(m)

13 40권   **14** 25%

15 54km^2 **16** 5 : 12

17 12일

풀이 54만 원을 받으려면 일해야 하는 날
수를 $\square$일이라 하면 $8:36만=\square:54만$
➡ $8\times54만=36만\times\square$,
$36만\times\square=432만$,
$\square=432만\div36만=12$
따라서 12일 동안 일을 해야 합니다.

18 9 : 4 : 60

풀이 가 : 다 $=1.5:10=3:20=9:60$
가 : 나 $=4\dfrac{1}{2}:2=9:4$
가 : 나 : 다 $=9:4:60$

19 540cm^2

풀이 (가로와 세로의 합)
$=96\div2=48$(cm)
(가로)$=48\times\dfrac{5}{(5+3)}=30$(cm)
(세로)$=48\times\dfrac{3}{(5+3)}=18$(cm)
(직사각형의 넓이)$=30\times18=540$(cm²)

20 4000원

풀이

(상우)	:	(채원)	:	(인성)
2	:	3		
3	:			5
6	:	9	:	10

가장 돈을 많이 낸 사람은 인성입니다.
$10000\times\dfrac{10}{(6+9+10)}=4000$(원)